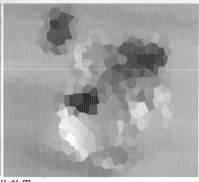

晶体化效果

素描效果

动态模糊效果

放射状模糊效果

应用"半色调"滤镜效果

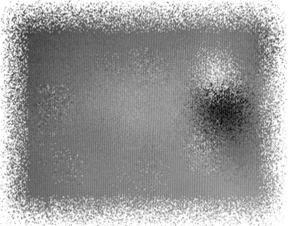

散开效果

中文版 **CorelDRAW** 应用基础教程

替换颜色效果

调整图像伽玛值

清除颜色效果

调整曲线文本形状

添加文本封套效果

调整色阶效果

透视效果

旋涡效果

添加杂点效果

风效果

调整封套形状效果

立体照明效果

调整图像亮度/对比度/强度效果

转换文字排列方式

时尚人物插画

房地产DM广告

数码摄像机杂志广告

酒包装效果

汽车报纸广告

21世纪 职业教育系列规划教材

中文版

CoreIDRAW

应用基础教程

CoreIDRAW X4

颜虹 主编

上海科学普及出版社

图书在版编目（CIP）数据

中文版 CorelDRAW 应用基础教程／ 颜 虹 主编．－上海：
上海科学普及出版社，2010.2
 ISBN 978-7-5427-4486-9

Ⅰ.中⋯　　Ⅱ.颜⋯　　Ⅲ.图形软件，CorelDRAW X4
教材　　Ⅳ.TP391.41

中国版本图书馆 CIP 数据核字（2009）第 202700 号

策　　划　胡名正
责任编辑　徐丽萍

中文版 CorelDRAW 应用基础教程
颜 虹 主编
上海科学普及出版社出版发行
（上海中山北路 832 号　邮政编码 200070）
http://www.pspsh.com

各地新华书店经销	北京市燕山印刷厂印刷
开本 787×1092　1/16　印张 20.5	彩插 4　字数 500 000
2010 年 2 月第 1 版	2010 年 2 月第 1 次印刷

ISBN 978-7-5427-4486-9　　　　　　　定价：36.80 元

内 容 提 要

　　本书从培训与自学的角度出发，理论与实践相结合，全面、详细地介绍中文版 CorelDRAW X4 的各项命令和功能。全书共分为 11 章，内容包括：CorelDRAW X4 快速入门、CorelDRAW X4 的基本操作、基本图形的绘制、对象的基本编辑、颜色填充与轮廓编辑、对象的组织与管理、文本的编辑、位图图像的处理、应用交互式特效、应用滤镜特效、CorelDRAW 白金案例实训等。

　　本书采用由浅入深、图文并茂、任务驱动的方式讲述，既可作为高等院校、职业教育学校及社会计算机培训中心的规划教材，也可作为从事图形制作和平面广告设计人员的学习参考用书。

21 世纪职业教育系列规划教材

编审委员会名单

主任委员：崔亚量

执行委员：太洪春　　柏　松　　卓　文　　郭文亮

委　　员（以姓氏笔画为序）：

马国强	王大敏	王志杰	刘艳琴	闫　琰
李建丽	李育云	时晓龙	芦艳芳	武海燕
范沙浪	金应生	赵爱玲	郜攀攀	项仁轩
唐雪强	秦红霞	郭领艳	常淑凤	童红兵
暨百南	谭予星	颜　虹	魏　星	

前　言

中文版 CorelDRAW X4 是加拿大 Corel 公司推出的最新版本的矢量图绘图软件，它界面友好、功能强大、操作简便，已经被广泛应用于图形制作、VI 设计、广告设计和包装设计等多个领域，深受广大平面设计者的青睐，是目前世界上最优秀的平面设计软件之一。

高等职业教育不同于其他传统形式的高等教育，它既是我国高等教育的重要组成部分，也是适应我国现代化建设需要的特殊教育形式。它的根本任务是培养生产、建设、管理和服务第一线需要的德、智、体、美等全面发展的技术应用型专业人才，学生应在掌握必要的基础理论和专门知识的基础上，重点掌握从事本专业领域实际工作的基本知识和职业技能，因而对应这种形式的高等教育教材也应有自己的体系和特色。

为了适应我国高等职业教育对教学改革和教材建设的需要，我们根据《教育部关于加强高职高专教育人才培养工作的意见》文件的要求编写了本书。通过对本书的学习，读者可掌握中文版 CorelDRAW X4 的基本操作方法和应用技巧，并通过案例实训，提高岗位适应能力和工作应用能力。

本书最大的特色是以实际应用为主线，采用"任务驱动、案例教学"的编写方式，力求在理论知识"够用为度"的基础上，通过案例的实际应用和实际训练让读者掌握更多的知识和技能。

本书从培训与自学的角度出发，理论与实践相结合，全面、详细地介绍中文版 CorelDRAW X4 的各项命令和功能。全书共分为 11 章，内容包括：CorelDRAW X4 快速入门、CorelDRAW X4 的基本操作、基本图形的绘制、对象的基本编辑、颜色填充与轮廓编辑、对象的组织与管理、文本的编辑、位图图像的处理、应用交互式特效、应用滤镜特效、CorelDRAW 白金案例实训等。

本书采用了由浅入深、图文并茂、任务驱动的方式进行讲解，既可作为高等院校、职业学校及社会计算机培训中心的规划教材，也可作为从事图形制作和平面广告设计人员的学习参考用书。

本书由颜虹主编，参与编写的还有李世扬、张春蓉、郭领艳、常淑凤、王大敏、马国强、刘润枝等人，由于编者水平所限，且时间仓促，书中不足之处在所难免，恳请广大读者批评指正，联系网址：http://www.china-ebooks.com。

编　者

总　序

　　高等职业教育不同于其他传统形式的高等教育，它既是我国高等教育的重要组成部分，也是适应我国现代化建设需要的特殊教育形式。它的根本任务是培养生产、建设、管理和服务第一线需要的德、智、体、美等全面发展的技术应用型专业人才，学生应在掌握必要的基础理论和专门知识的基础上，重点掌握从事本专业领域实际工作的基本知识和职业技能，因而对应这种形式的高等教育教材也应有自己的体系和特色。

　　为了适应我国高等职业教育对教学改革和教材建设的需要，根据《教育部关于加强高职高专教育人才培养工作的意见》文件的要求，上海科学普及出版社和电子科技大学出版社联合在全国范围内挑选来自于从事高职高专和高等教育教学与研究工作第一线的优秀教师和专家，组织并成立了"21世纪职业教育系列规划教材编审委员会"，旨在研究高职高专的教学改革与教材建设，规划教材出版计划，编写和审定适合于各类高等专科学校、高等职业学校、成人高等学校及本科院校主办的职业技术学院使用的教材。

　　"21世纪职业教育系列规划教材编审委员会"力求本套教材能够充分体现教育思想和教育观念的转变，反映高等学校课程和教学内容体系的改革方向，依据教学内容、教学方法和教学手段的现状和趋势精心策划，系统、全面地研究高等院校教学改革、教材建设的需求，倾力推出本套实用性强、多种媒体有机结合的立体化教材。本套教材主要具有以下特点：

　　1．任务驱动，案例教学，突出理论应用和实践技能的培养，注重教材的科学性、实用性和通用性。

　　2．定位明确，顺应现代社会发展和就业需求，面向就业，突出应用。

　　3．精心选材，体现新知识、新技术、新方法、新成果的应用，具有超前性、先进性。

　　4．合理编排，根据教学内容、教学大纲的要求，采用模块化编写体系，突出重点与难点。

　　5．教材内容有利于扩展学生的思维空间和自主学习能力，着力培养和提高学生的综合素质，使学生具有较强的创新能力，促进学生的个性发展。

　　6．体现建设"立体化"精品教材的宗旨，为主干课程配备电子教案、学习指导、习题解答、上机操作指导等，并为理论类课程配备 PowerPoint 多媒体课件，以便于实际教学，有需要多媒体课件的教师可以登录网站 http://www.china-ebooks.com 免费下载，在教材使用过程中若有好的意见或建议也可以直接在网站上进行交流。

21世纪职业教育系列规划教材编审委员会

目　录

第 1 章　CorelDRAW X4 快速入门

本章学习目标

通过本章的学习，读者应了解中文版 CorelDRAW X4 的主要功能和工作界面的组成，掌握位图、矢量图、分辨率及常见的图形图像文件格式等平面设计的基础知识。

学习重点和难点

- 位图与矢量图的概念
- CorelDRAW X4 的新增功能
- 常见图形图像文件格式
- CorelDRAW X4 的工作界面

1.1　平面设计的基础知识

随着社会的进步及科技的发展，平面设计已经渗透到人们日常生活的方方面面，并在社会的各个领域得到了广泛的应用。在电脑、网络和印刷技术突飞猛进的今天，平面设计已经演变为一种重要的信息识别和宣传工具，并逐渐成为专业性较强的行业，拥有了众多的从业者，同时也形成了自己的理论体系和特征。

平面设计是一门静态艺术。它通过各种表现手法在静态平面上传达各种信息，是一种视觉艺术且颇具实用价值。随着社会的进步和发展，平面设计已经形成一定的规范，各个领域的平面设计作品使人们获得准确且具美感的各类信息，以便更有效地进行各种形式的交流。

1.1.1　平面设计的基本概念

"平面设计"一词源于英文 Graphic Design。所谓"平面"是指非动态的二维空间。平面设计是指在二维空间内进行的设计活动。而所谓的"二维空间内的设计活动"，是一种对空间内元素的设计及将这些元素在空间内进行组合和布局的活动。平面设计所要达到的目的是通过调动图像、图形、文字、色彩等诸多元素，并经过一定的组合和布局，在给人以美的享受的同时，兼顾某种视觉信息的传递。

1. 平面设计的特征

平面设计的一个显著特征就是社会性。随着社会的进步及科技的发展，平面设计已不仅仅是一种独立的艺术形式，而是通过科技与艺术的结合成为了商品社会的产物。在商品社会中，设计需要通过艺术创作来表达某种特定的认识。

平面设计并不是一个抽象化的概念，它离不开一定的技术，尤其与印刷技术的关系更是密不可分。印刷技术的完善直接影响到平面设计的发展，印刷技术的每一次革命都给平面设计带来巨大的发展。

设计要在符合审美观的同时具有实用性，做到以人为本，通过设计的作品表达人的灵感、精神和身体各部分之间的相互关系。因此，片面强调平面设计的纯技术性而忽视其理念和灵感，将会使平面设计沦落为一种简单的工具和技能，这是不可取的。

2. 平面设计的应用领域

按平面设计涉及的对象进行划分，其应用领域有书籍设计、出版物版面设计、插图设计、字体设计、标志设计、广告设计、包装设计、企业形象设计、装潢设计、服装设计、环境艺术设计和影视画面设计等。随着网络的普及，平面设计还涉及网页设计、软件界面设计和网络游戏设计等方面。

不同的设计领域有不同的要求，但都是将图形、图像、文字、色彩和标志等元素通过一定的组合和布局应用到多个对象上，从而构成多种形式的设计结果，以传递某种认识和信息。图 1-1 所示的书籍装帧、图 1-2 所示的液晶显示器广告、图 1-3 所示的酒包装设计、图 1-4 所示的插画设计分别为不同领域中的平面设计作品。

图 1-1　书籍装帧

图 1-2　液晶显示器广告

图 1-3　酒包装设计

图 1-4　插画设计

3．平面设计的构成

平面设计包括版面设计，色彩的应用和搭配，以及视觉元素的使用。下面对这些知识进行简单的介绍。

在平面设计领域，不同风格和不同作用的设计作品层出不穷。但无论这些作品的版式结构多么复杂、内容多么丰富、风格多么独特，构成作品的基本视觉要素都是 3 个，即点、线、面。在平面设计中，点、线、面实际上是构成作品的基本语言和内容，即平面上几乎所有的视觉对象都可看作是点、线、面的延续和变化，如图 1-5 所示。

图 1-5　平面设计中的点、线、面

在平面设计中，版面设计占据着重要的地位。在视觉传达介质中（广告、书籍封面和包装等），基本的构成元素是一个或多个平面；对于某个单独的平面而言，视觉平面即所谓的版面。平面设计工作实际上就是版面的设计工作。通过版面的设计，表达出作品的思想性、艺术性、整体性及单一性等特征，才能将美展示出来，达到需要的效果。

平面设计离不开色彩，色彩设计同样是平面设计中的一个重要组成部分。色彩源于自然，是人类对自然的视觉感受，色彩能给人们想象的空间，引导人们去追求美。在平面设计中，色彩的正确应用和搭配将会赋予作品更好的视觉效果，使作品更具吸引力，更能准确地传达信息。

1.1.2　位图与矢量图

在计算机设计领域中，图形图像大致可以分为位图图像和矢量图形两种，这两种类型的图形图像都有各自的特点。下面分别介绍位图、矢量图和分辨率的概念。

1．位图

位图又称为点阵图，是由许多点组成的，这些点称为像素。计算机屏幕上的图像是由屏幕上的发光点（即像素）构成的，这些点是离散的，类似于矩阵。许许多多不同色彩的像素组合在一起便构成了一幅图像。由于位图采取了点阵的方式，每个像素都能够记录图像的色彩信息，因而可以精确地表现色彩丰富的图像，但图像的色彩越丰富，图像的像素就越多（分辨率也越高），文件也就越大，因此位图图像的处理对计算机硬件的要求也较高。同时，由于位图本身的特点，图像在缩放和旋转变形时会产生失真的现象。

位图图像的主要优点在于：表现力强、细腻、层次多、细节多，可以十分容易地模拟出图像的真实效果；缺点是图像放大时会出现锯齿现象。图 1-6 所示即为放大后的位图图像效果。

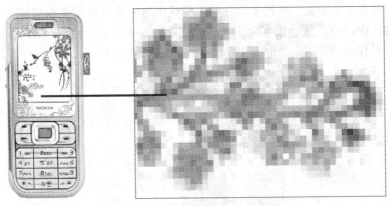

100%显示图像　　　　　　　　　3200%显示图像

图 1-6　位图图像放大后的效果

2. 矢量图

矢量图又称为向量图，它是以数学的矢量方式来记录图形内容的。矢量图形中的图形元素称为对象，每个对象都是独立的，具有各自的属性（如颜色、形状、轮廓、大小和位置等）。矢量图形的文件很小，特别适用于文字设计、图案设计、版式设计、标志设计、计算机辅助设计（CAD）、工艺美术设计、插图等。常见的矢量图形处理软件有 CorelDRAW、AutoCAD、Illustrator 和 FreeHand 等。

矢量图形在缩放时不会产生失真现象，如图 1-7 所示。因为矢量图形不用记录像素的数量，它与分辨率无关。在任何分辨率下，对矢量图进行任意缩放，都不会影响它的清晰度和光滑度。矢量图的缺点是不易制作色彩丰富的图形，而且绘制出来的图形无法像位图那样精确地描绘各种绚丽的景象。

100%显示图形　　　　　　　　　3200%显示图形

图 1-7　矢量图形放大后的效果

1.1.3　像素与分辨率

像素其实就是屏幕上的一个光点，用于实际成像。分辨率是指单位长度上像素的数量，单位长度上的像素越多，图像就越清晰。像素和分辨率的设置决定了文件的大小和图像输出时的质量，通常用像素/英寸作为分辨率的单位。

1. 像素

位图图像是由许多点组成的，这些点被称为"像素"。当许多不同颜色的点组合在一起时，便构成了一幅完整的图像。保存位图图像时，需要记录图像中每一个像素的位置和色彩数据。因此，图像的像素越多，文件就越大，处理速度也就越慢，但由于它能记录下每一个像素的数据信息，因而可以精确地记录色彩丰富的图像，逼真地表现自然界的景观，达到照片般的品质，如图 1-8 所示。

图 1-8　自然景观

2. 图像分辨率

图像分辨率是指图像中每单位长度所包含的像素或点的数目，常以像素/英寸（dpi）为单位。如 72dpi 表示图像中每英寸包含 72 个像素或点。分辨率越高，图像就越清晰，图像文件所占用的磁盘空间也越大，编辑和处理所需的时间也越长。

图像文件的大小、尺寸和分辨率三者之间的关系是：当分辨率不变时，改变图像尺寸，文件的大小也将改变，尺寸较大文件也较大；当分辨率改变时，文件大小也会随之改变，分辨率越大，则图像文件也越大。

3. 图像分辨率的基本标准

图像分辨率的基本标准如下：
- 在 CorelDRAW 软件中，默认分辨率为 72 像素/英寸，能够基本满足普通显示器的要求。
- 大型灯箱图像的分辨率一般不低于 30 像素/英寸。
- 网页图像的分辨率通常为 72 像素/英寸或 96 像素/英寸。
- 报纸图像的分辨率通常为 120 像素/英寸或 150 像素/英寸。
- 彩版印刷图像的分辨率通常为 300 像素/英寸。
- 对于一些特大的户外广告可设定分辨率在 30 像素/英寸以下。

1.1.4 常见图形图像文件格式

使用电脑进行平面设计时，需对各种图像文件进行操作，这就需要对常见的图像文件格式及其特点有所了解。下面简单介绍几种常见的文件格式。

1. CDR 格式

CDR 格式是绘图软件 CorelDRAW 的专用图形文件格式，其文件扩展名为 cdr。CorelDRAW 是矢量图形绘制软件，所以 CDR 格式能记录文件的属性、位置和分页等信息。该格式的不足之处在于兼容性比较差，只能在 CorelDRAW 应用程序中打开和编辑，很少有其他图像处理软件能够直接打开此格式的文件。

2. BMP 格式

BMP 格式是一种与硬件设备无关的图像文件格式，应用非常广泛。它采用位映射存储格式，不对文件进行任何压缩，因此 BMP 文件所占用的存储空间较大。

由于 BMP 格式是 Windows 环境中的标准格式，因此能够在 Windows 环境中运行的图形图像软件都支持 BMP 图像格式。

3. JPEG 格式

JPEG 是 Joint Photographic Experts Group（联合图像专家组）的缩写，该格式文件的扩展名为 jpg 或 jpeg。这是目前常用的一种图像文件格式，是一种有损压缩格式，即将图像压缩在很小的储存空间时，图像中重复或不重要的数据会丢失，因此会降低图像的品质。

JPEG 格式压缩的主要是高频信息，对色彩的信息保留较好，适用于互联网，可减少图像的传输时间，可以支持 24bit 真彩色，也普遍应用于需要连续色调的图像。JPEG 格式的应用非常广泛，一般的图形图像软件都支持该图像格式。

4. GIF 格式

GIF 格式是一种无损压缩格式，其压缩率一般在 50%左右。GIF 格式图像的颜色深度从 1 位到 8 位，即最多支持 256 种色彩，在网页中大量使用。目前几乎所有的图形图像软件都支持该格式。

GIF 格式的另一个特点是：在一个 GIF 文件中可以同时保存多幅彩色图像，将多幅图像逐幅显示到屏幕上，可以得到简单的动画效果。

5. PSD 格式

PSD 格式是 Photoshop 软件的专用文件格式，文件扩展名为 psd。该格式能保存图层、通道、蒙版和颜色模式等图像信息，是一种非压缩的原始文件保存格式，使用扫描仪不能直接生成该格式的文件。PSD 格式的图像文件大小由其包含信息的多少所决定，包含的信息越复杂，文件占用的存储空间就越大。

6. PNG 格式

PNG 格式能够提供比 GIF 格式小 30%的无损压缩，并且支持 24 位和 48 位真彩色图像，从而能够获得更好的色彩效果。PNG 格式作为一种新型的网络图像格式，已逐渐被大多数图形图像处理软件所支持。Photoshop 可以直接处理 PNG 格式的图像，也能将文件保存为 PNG 格式。

7. TIFF 格式

TIFF（Tag File Format）格式是由 Aldus 和 Microsoft 公司为扫描仪和台式计算机出版软件开发的一种较为通用的图像格式。TIFF 格式具有扩展性、方便性、可改性等特点，大多数主流图形图像软件均支持该格式。

TIFF 格式文件的体积较大，颜色保真度高、失真小，图像的还原能力强。当平面设计作品用于彩色印刷时，图像文件常存储为 TIFF 格式。

8. AI 格式

AI 是 Adobe Illustrator 的专用格式，现已成为业界矢量图的标准，可在 Illustrator、CorelDRAW 和 Photoshop 中打开和编辑。其在 Photoshop 中打开和编辑时，将由矢量格式转换为位图格式。

1.2　CorelDRAW 概述

CorelDRAW 是基于矢量图形的绘图软件，由全球知名的专业化图形设计与桌面出版软件开发商——加拿大的 Corel 公司于 1989 年推出。

CorelDRAW 是最早运行于 PC 上的图形设计软件，并以此迅速占领了大部分 PC 图形图像设计软件市场。CorelDRAW 整合了图形编辑、图形抓取、位图转换、动画制作等一系列实用的应用程序，构成了一个集高级图形设计、编辑和出版于一体的软件，并以其强大的功能、直观的界面、便捷的操作等优点，迅速占领市场，赢得众多平面设计专业人士和广大业余爱好者的青睐。

随着技术的发展，计算机软硬件不断更新，用户的要求也越来越高，Corel 公司为适应激烈的市场竞争，不断推出新版本的 CorelDRAW，以进一步巩固它在图形设计软件领域的地位。CorelDRAW 是一款十分优秀的图形设计软件，正因为如此，它才被广泛应用于平面设计、包装设计、彩色出版与多媒体制作等诸多领域，并起到了非常重要的作用。

1.3　CorelDRAW X4 的新增功能

CorelDRAW 是目前市场上优秀的矢量图形设计与文档排版软件之一，CorelDRAW X4 是当前最新版本。CorelDRAW X4 在以前版本的基础上新增了许多人性化的功能，使操作更加方便、简捷，大大增强了软件本身图形和图像的处理能力。下面将具体介绍 CorelDRAW X4 主要的新增功能。

1. 独立图层

在 CorelDRAW X4 中，用户可以独立控制文档每页的图层并对其进行编辑，可以为单个的页面添加独立的辅助线，也可为整个文档添加主辅助线，如图 1-9 所示。

2. 表格

新增的交互式表格可以创建和导入表格，以提供文本和图形在绘图页面中的结构布局。用户可以轻松地对齐表格，调整文本和图形的大小，还可以进行其他编辑操作，如图 1-10 所示。

图 1-9　独立图层

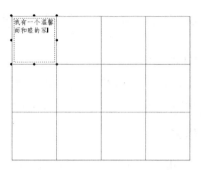

图 1-10　表格

3. 简单字体识别

用户可以通过捕获样例，并将其发送到 What The Font.com，以快速识别作品中的字体。

4. 新字体

扩展选区范围的新字体包括单行英文字体和 OpenType 跨平台字体，这可为拉丁语、希腊语等版面提供更强的语言支持。

5. PowerTRACE 增强功能

中心线描摹可以为描摹技术图解、线条画或拼版提供更精确的曲线和笔触，改进平滑度和拐角控制功能可为用户优化描摹结果，并且还可编辑、合并或删除颜色。

1.4　启动与退出 CorelDRAW X4

要启动 CorelDRAW X4，首先要安装该软件，安装完毕后，在"所有程序"的级联菜单中，系统将自动添加 CorelDRAW X4 程序。下面将具体介绍启动与退出 CorelDRAW X4 的方法。

1.4.1　启动 CorelDRAW X4

用户要在 CorelDRAW X4 中进行图形和图像的编辑，首先需要启动 CorelDRAW X4。启动 CorelDRAW X4 的具体操作步骤如下：

（1）安装好 CorelDRAW X4 软件后，单击"开始"|"所有程序"|CorelDRAW Graphics Suite X4|CorelDRAW X4 命令，如图 1-11 所示。

（2）系统开始加载 CorelDRAW X4 应用程序，如图 1-12 所示。

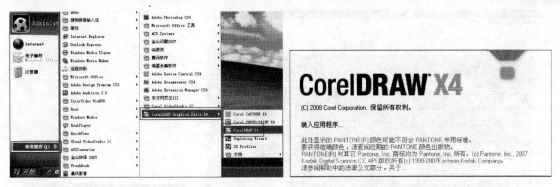

图 1-11　单击相应命令　　　　　　　　　　图 1-12　加载应用程序

（3）程序加载完毕后，即启动 CorelDRAW X4 应用程序，进入 CorelDRAW X4 欢迎界面，如图 1-13 所示。

图 1-13　启动应用程序

1.4.2　退出 CorelDRAW X4

当用户当前的操作已经完成，不再需要使用 CorelDRAW X4 软件时，即可退出该软件。退出 CorelDRAW X4 的具体操作步骤如下：

（1）单击标题栏右上角的"关闭"按钮，如图 1-14 所示。

（2）弹出是否保存提示信息框（如图 1-15 所示），若单击"是"按钮，保存文件后将退出 CorelDRAW X4；若单击"否"按钮即可直接退出 CorelDRAW X4 应用程序。

专家指点

> 在 CorelDRAW X4 运行状态下，按【Alt＋F4】组合键也可退出 CorelDRAW X4 应用程序。

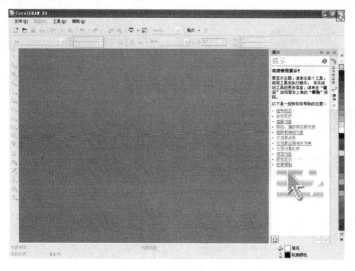

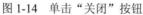

图 1-14 单击"关闭"按钮　　　　　　　图 1-15 提示信息框

1.5　CorelDRAW X4 的工作界面

启动 CorelDRAW X4 应用程序后，即可显示 CorelDRAW X4 的工作界面（如图 1-16 所示）。CorelDRAW X4 的工作界面主要由标题栏、菜单栏、标准工具栏、工具属性栏、工具箱、泊坞窗、滚动条、绘图页面、调色板、状态栏、标尺、网格以及页面控制栏等部分组成。

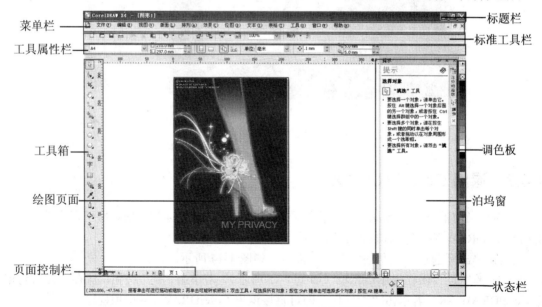

图 1-16　CorelDRAW X4 工作界面

1.5.1　标题栏

标题栏位于工作界面的最上方，用于显示当前运行的程序及打开的文件名称。在标题栏的右侧有 3 个按钮，分别为"最小化"按钮、"最大化/向下还原"按钮以及"关闭"按钮，如图 1-17 所示。

CorelDRAW X4 - [图形1]

图 1-17　标题栏

1.5.2　菜单栏

菜单栏位于标题栏的下方，其中包括"文件"、"编辑"、"视图"、"版面"、"排列"、"效果"、"位图"、"文本"、"表格"、"工具"、"窗口"和"帮助"12 个菜单（如图 1-18 所示），在每个菜单中又包含了一系列子菜单命令。在使用菜单命令时，先要选定目标对象，然后再执行相应的命令。

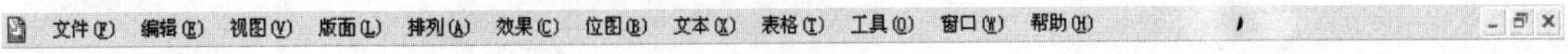

文件(F)　编辑(E)　视图(V)　版面(L)　排列(A)　效果(C)　位图(B)　文本(X)　表格(T)　工具(O)　窗口(W)　帮助(H)

图 1-18　菜单栏

1.5.3　标准工具栏

标准工具栏位于菜单栏的下方，菜单中的一些常用命令以按钮的形式显示在标准工具栏中，从而使用户的操作更加快捷、方便，如图 1-19 所示。

图 1-19　标准工具栏

1.5.4　工具属性栏

工具属性栏位于标准工具栏的下方，主要用于显示和设置当前所选工具或对象的属性，如图 1-20 所示。

| A4 | 210.0 mm | 297.0 mm | | 单位:毫米 | .1 mm | 5.0 mm | 5.0 mm |

图 1-20　工具属性栏

1.5.5　工具箱

默认状态下，工具箱位于工作界面的左侧，用户可以通过鼠标拖曳的方式改变工具箱在工作界面中的位置。工具箱中包含一些常用的绘图和编辑工具，右下角有黑色小三角按钮的工具是工具组，在该按钮上按住鼠标左键不放，即可展开工具组中的所有工具，如图 1-21 所示。

1.5.6　泊坞窗

泊坞窗默认状态下位于绘图页面的右侧，作用是方便用户查看或修改参数设置，用户可以将泊坞窗移至绘图页面中的任意位置。单击"窗口"|"泊坞窗"命令，在弹出的子菜单中

选择相应的选项，即可打开相应的泊坞窗，图 1-22 所示为"对象属性"泊坞窗。

图 1-21　工具箱

图 1-22　泊坞窗

1.5.7　滚动条

滚动条分为水平滚动条和垂直滚动条，主要用于移动页面，以显示被遮住的内容。

1.5.8　绘图页面

绘图页面是工作界面中间的矩形区域，它是进行绘图的主要工作区域，只有在绘图页面内显示的图形才能被打印出来。绘图页面的大小是可以更改的，用户可根据不同的需要对其进行相应的设置。

1.5.9　调色板

CorelDRAW X4 提供了多种预设的调色板，单击"窗口"|"调色板"命令，在弹出的子菜单中选择相应的选项，即可打开相应的调色板。

调色板在默认状态下只在工作界面的最右侧显示出单独的一列，单击调色板下方的黑三角形按钮，就会显示出调色板中的全部色块。

1.5.10　状态栏

在默认状态下，状态栏位于工作界面的最底部，在其中可显示有关当前操作的各种信息，如当前鼠标指针的位置、对象的节点数、文本的大小、填充和轮廓颜色的属性以及对象所在的图层等，如图 1-23 所示。

| 宽度: 210.198 高度: 296.241 中心: (105.670, 148.782) 毫米 | 位图 (RGB) 于 图层 1 48 x 51 dpi | ◇⊠无 |
| (-52.810, 35.182) 单击对象两次可旋转/倾斜；双击工具可选择所有对象；按住 Shift 键单击可选择多个对象；按住 Alt 键单击可进行挖掘；按住 Ctrl ... | | ⬦⊠无 |

图 1-23　状态栏

1.5.11　标尺

标尺位于绘图页面的上方和左侧，分为水平标尺和垂直标尺，用来确定对象的大小和精确的位置。默认情况下，标尺的原点位置在绘图页面的左上角。

1.5.12　页面控制栏

页面控制栏是用来管理页面的，在 CorelDRAW X4 中，用户可以创建多个页面，通过页面控制栏可以切换到不同的页面以查看各页面的内容，还可以进行添加页面、重命名页面、再制页面、删除页面和切换页面方向等操作，如图 1-24 所示。

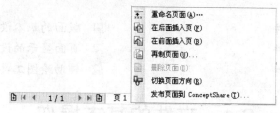

图 1-24　页面控制栏

习题与上机操作

一、填空题

1. 矢量图又称为_____，它是以数学的矢量方式来记录图形内容的，它最大的特点是不会因为_____等因素的改变而降低图形的品质。

2. 在 CorelDRAW X4 中，按键盘上的_____组合键，也可退出 CorelDRAW X4 应用程序。

二、思考题

1. 什么是平面设计？其应用领域主要有哪些？
2. 简述像素与分辨率的联系与区别。
3. 常见的图形图像文件格式都有哪些？
4. 简述 CorelDRAW X4 的新增功能。
5. 简述 CorelDRAW X4 工作界面中各部分的功能。

三、上机操作

1. 练习安装 CorelDRAW X4 软件。
2. 练习启动与退出 CorelDRAW X4 应用程序。

第2章 CorelDRAW X4 的基本操作

本章学习目标

通过本章的学习，读者应掌握文件的新建、打开、保存、关闭、导入及导出等基本操作方法，并能对文档的版面和页面显示模式进行设置。

学习重点和难点

- 新建和打开文件
- 保存和关闭文件
- 导入和导出文件
- 版面的基本设置
- 页面显示的设置
- 辅助绘图工具的使用

2.1 文件的基本操作

在运用 CorelDRAW X4 设计作品之前，用户首先需要掌握该软件的一些基本操作，为后面的绘图设计奠定坚实的基础，这样才能得心应手地进行作品的设计。下面将具体讲述新建、打开、保存、关闭、导入、导出、备份、恢复文件等基本操作。

2.1.1 新建文件

启动 CorelDRAW 后，首先需要新建一个文件。新建文件的方法有以下 4 种：

● 启动 CorelDRAW X4 应用程序，单击欢迎界面中的"新建空白文档"超链接，如图 2-1 所示。

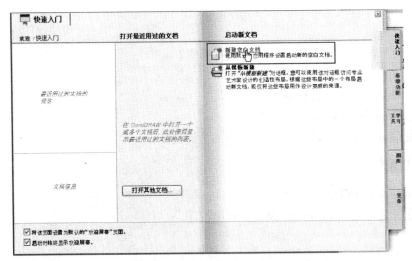

图 2-1 单击"新建空白文档"超链接

- 单击"文件"|"新建"命令。
- 按【Ctrl＋N】组合键。
- 单击标准工具栏中的"新建"按钮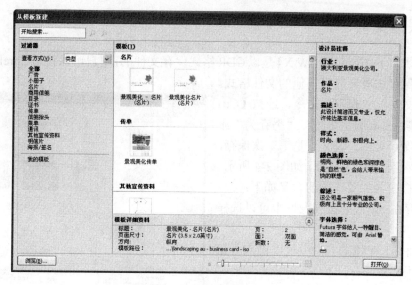。

用户还可以在启动 CorelDRAW X4 应用程序后，单击欢迎界面中的"从模板新建"超链接，弹出如图 2-2 所示的对话框。选择需要的模板类型后，单击"打开"按钮，即可基于该模板新建一个文件。

图 2-2　"从模板新建"对话框

2.1.2　打开文件

在 CorelDRAW X4 中，若用户需要对以前绘制的图形文件继续进行编辑，可先将原有的文档打开，然后再对其进行编辑。

单击"文件"|"打开"命令或按【Ctrl＋O】组合键，弹出"打开绘图"对话框（如图 2-3 所示），该对话框中各主要选项的含义如下：

- 查找范围：在该下拉列表框中可以查找所需打开的文档所在的文件夹。
- 文件名：该选项用于显示所打开文件的名称。
- 文件类型：在该下拉列表框中可以选择所要打开文件的类型，若选择"所有文件格式"选项，则全部文件都会显示在对话框中间的列表框中。

图 2-3　"打开绘图"对话框

选择要打开的图形文件后单击"打开"按钮，或者直接在列表框中双击要打开的图形文

件，即可将其打开。

 专家指点

> 若用户需要打开的文件是最近打开过的，则可直接单击"文件"菜单，在下拉菜单底部选择最近打开过的文档，即可打开所选文件。

2.1.3　保存文件

在默认状态下，CorelDRAW X4 是以 CDR 格式保存文件的，用户可以使用 CorelDRAW X4 提供的高级保存选项来选择其他的文件格式。

单击"文件"|"保存"命令，或按【Ctrl+S】组合键，或单击"文件"|"另存为"命令，都可以保存文件。若文件是第一次保存，将会弹出"保存绘图"对话框，如图 2-4 所示。

该对话框中各主要选项的含义如下：

● 保存在：在该下拉列表框中可以选择保存的位置。

● 文件名：在该文本框中可以输入所保存文件的名称。

● 保存类型：在该下拉列表框中可以选择文件的保存类型。

单击"保存"按钮即可保存文件。

此外，用户还可以使用"另存为"命令将当前文件保存在另一个文件夹中，或以其他的文件名或类型保存文件。

图 2-4　"保存绘图"对话框

2.1.4　关闭文件

当前打开的文件修改完成并保存后，若不需要再对该文件进行操作，可以将其关闭。关闭保存过的文件有以下两种方法：

● 单击"文件"|"关闭"命令。

● 单击文件标题栏右侧的"关闭"按钮⊠。

如果对已打开的文件或新建的空白文件进行了编辑，则在执行上述操作时，将会弹出如图 2-5 所示的提示信息框。

图 2-5　提示信息框

若需要保存当前文件，单击"是"按钮；若不需要保存，单击"否"按钮；若不需要关闭，则单击"取消"按钮。

2.1.5　导入和导出文件

导入与导出文件是 CorelDRAW X4 与其他应用程序之间进行联系的桥梁。CorelDRAW

X4 可以将其他格式的文件导入到绘图页面中；也可以将制作好的文件导出为其他格式，以供其他软件使用。

1．导入文件

在 CorelDRAW 中，可以导入非 CDR 格式的文件，也就是说，可以把在其他软件中制作的文件导入到 CorelDRAW 中。导入文件的具体操作步骤如下：

（1）单击"文件"|"导入"命令，弹出"导入"对话框，选择需要导入的素材图形文件，如图 2-6 所示。

图 2-6　"导入"对话框

（2）单击"导入"按钮，此时页面中鼠标指针呈 90 度的直角，如图 2-7 所示。

（3）将鼠标指针移至绘图页面的合适位置，单击鼠标左键，即可导入所选图形文件，如图 2-8 所示。

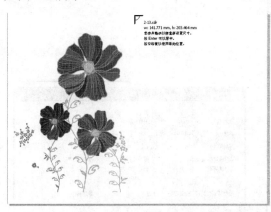 

图 2-7　鼠标指针形状　　　　　　　　图 2-8　导入图形

在"导入"对话框中单击"全图像"下拉按钮，在弹出的下拉列表中选择"全图像"选项，可以将选中的图像全部导入页面中；若选择"裁剪"选项后单击"导入"按钮，则弹出"裁剪图像"对话框（如图 2-9 所示），用户可在其中对图像进行裁剪操作；若选择"重新取样"选项，再单击"导入"按钮，则弹出"重新取样图像"对话框（如图 2-10 所示），在该对话框中用户可以对图像的大小和分辨率进行调整。

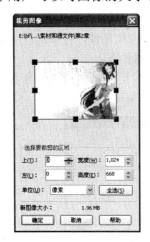

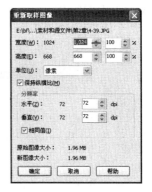

图 2-9 "裁剪图像"对话框   图 2-10 "重新取样图像"对话框

单击"确定"按钮，在页面中单击鼠标左键，即可将选择的文件按指定要求导入页面中。

2. 导出文件

用户可以将 CorelDRAW X4 中的图像导出或保存为不同的文件格式，常用的图像文件格式有 JPG 和 TIFF 等。导出文件的具体操作步骤如下：

（1）单击"文件"|"导出"命令，弹出"导出"对话框，在其中设置好文件保存的位置、文件名以及类型（此处选择 JPG 格式），如图 2-11 所示。

（2）单击"导出"按钮，弹出"转换为位图"对话框，在其中进行相应的设置，如图 2-12 所示。

图 2-11 "导出"对话框   图 2-12 "转换为位图"对话框

（3）单击"确定"按钮，弹出"JPEG 导出"对话框，如图 2-13 所示。

（4）单击"确定"按钮即可导出文件，在相应的保存位置即可找到导出后的图像文件，如图 2-14 所示。

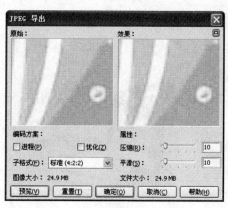

图 2-13　"JPEG 导出"对话框

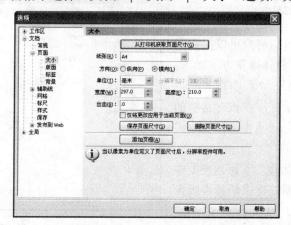

图 2-14　导出的图像文件

2.2　版面的基本设置

在 CorelDRAW X4 中，用户可以根据设计的需要，对新建图形文件的页面大小、标签、背景、页面顺序及页数等进行设置。

2.2.1　设置页面大小和方向

在 CorelDRAW X4 中，使用"版面"菜单，可以对文档页面的大小进行设置，其具体操作方法如下：

（1）打开需要设置页面大小的图形文件，单击"版面"|"页面设置"命令，弹出"选项"对话框，在该对话框左窗格中选择"文档"|"页面"|"大小"选项，如图 2-15 所示。

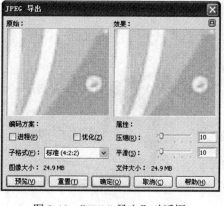

图 2-15　选择"大小"选项

（2）在该对话框右侧的"纸张"下拉列表框中选择需要的页面尺寸，也可以在"宽度"和"高度"数值框中自定义页面尺寸，这里在这两个数值框中分别输入 420mm 和297mm。

（3）选中"纵向"单选按钮，将页面设置为纵向后，单击"确定"按钮即可看到修改页面大小和方向后的效果，如图 2-16 所示。

图 2-16　设置页面大小和方向前后的效果

专家指点

用户也可以在页面属性栏中快速设置页面的大小：在"纸张类型/大小"下拉列表框中选择纸张的大小和类型；在"纸张宽度和高度"数值框中自定义页面的尺寸大小；单击"纵向"按钮或"横向"按钮，可以快速设置页面为纵向或横向，其属性栏如图 2-17 所示。

图 2-17　页面属性栏参数设置

2.2.2　设置版面风格

在设计平面作品时，用户可以根据需要设置版面的风格，其具体操作方法如下：

（1）单击"版面"|"页面设置"命令，弹出"选项"对话框，在该对话框的左窗格中选择"文档"|"页面"|"版面"选项，如图 2-18 所示。

（2）在右侧的"版面"下拉列表框中选择一种版面样式，系统提供的预设版面风格共有 7 种，如图 2-19 所示。

（3）若选中预览区域下方的"对开页"

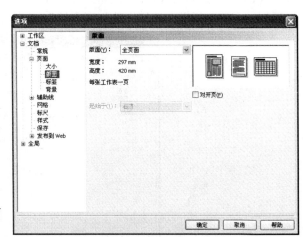

图 2-18　选择"版面"选项

复选框，则可在多个页面中显示对开页，用户在"起始于"下拉列表框中可以选择文档的开始方向（如图 2-20 所示），单击"确定"按钮即可完成页面风格的设置。

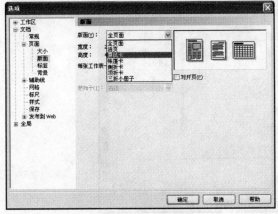

图 2-19　设置版面风格

图 2-20　选择文档的开始方向

2.2.3　设置页面标签

若用户需要使用 CorelDRAW X4 制作名片、工作牌等标签（这些标签可以在一个页面内打印），则首先要设置页面标签类型、标签与页面边界之间的间距等参数。设置页面标签的具体操作步骤如下：

（1）单击"版面"|"页面设置"命令，弹出"选项"对话框，在左侧的列表框中展开"文档"|"页面"|"标签"选项，选中"标签"单选按钮，然后单击"自定义标签"按钮，如图 2-21 所示。

（2）弹出"自定义标签"对话框，在其中设置各参数，如图 2-22 所示。

图 2-21　单击"自定义标签"按钮

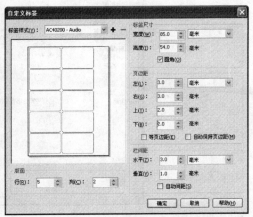

图 2-22　"自定义标签"对话框

（3）依次单击"确定"按钮，即可完成页面标签的设置，效果如图 2-23 所示。

图 2-23　完成页面标签的设置

2.2.4　设置页面背景

默认状态下，页面背景是没有颜色的，若用户在进行图形设计时，需要为页面背景指定颜色或图片，可以通过"选项"对话框为页面指定纯色或图案背景。设置页面背景的具体操作步骤如下：

（1）单击"版面"|"页面背景"命令，弹出"选项"对话框，选中"位图"单选按钮，单击右侧的"浏览"按钮，如图 2-24 所示。

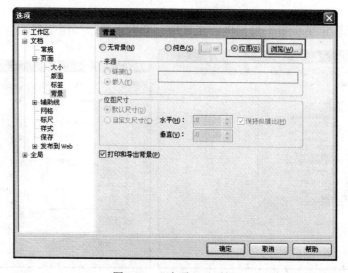

图 2-24　"选项"对话框

（2）弹出"导入"对话框，选择需要作为页面背景的位图图像文件，如图 2-25 所示。

（3）依次单击"导入"和"确定"按钮，即可完成页面背景的设置，如图 2-26 所示。

图 2-25　"导入"对话框　　　　　　　　　　　图 2-26　设置页面背景

2.2.5　添加、删除与重命名页面

使用 CorelDRAW X4 进行绘图时，常常需要在图形文件中添加页面、删除页面或者对某些特定的页面进行重命名，下面将分别进行介绍。

1．添加页面

用户在进行图形或图像编辑时，若当前的页面数不够，可自行添加页面。添加页面的具体操作步骤如下：

（1）在页面控制栏的"页 1"选项卡上单击鼠标右键，弹出快捷菜单，选择"在后面插入页"选项，如图 2-27 所示。

（2）即可在"页 1"选项卡后方插入一个名为"页 2"的新页面，如图 2-28 所示。

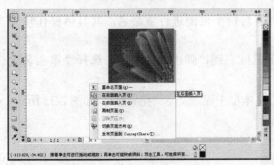

图 2-27　选择"在后面插入页"选项　　　　　图 2-28　插入新页面

专家指点

　　单击"版面"|"插入页"命令，弹出"插入页面"对话框（如图 2-29 所示），在该对话框中设置各项参数，然后单击"确定"按钮，也可以完成插入页面的操作。

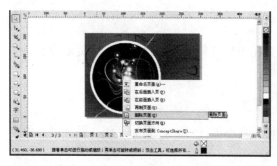

图 2-29 "插入页面"对话框

2. 删除页面

用户在进行绘图操作时，若添加的页面过多，可自行删除多余的页面。删除页面的具体操作步骤如下：

（1）打开需要删除页面的素材图形文件，将鼠标指针移至页面控制栏的"页 1"选项卡上，单击鼠标右键，在弹出的快捷菜单中选择"删除页面"选项，如图 2-30 所示。

（2）即可将当前页面删除，如图 2-31 所示。

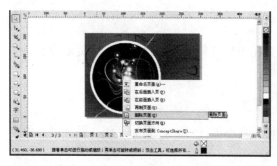

图 2-30 选择"删除页面"选项　　　　　　　图 2-31 删除页面

3. 重命名页面

为了便于区分和管理，用户可以根据页面内容对每个页面进行重命名，其具体操作步骤如下：

（1）在页面控制栏的"页 1"选项卡上单击鼠标右键，弹出快捷菜单，选择"重命名页面"选项，如图 2-32 所示。

（2）弹出"重命名页面"对话框，在"页名"文本框中输入文本"花骨朵"，如图 2-33 所示。

图 2-32 选择"重命名页面"选项　　　　　　图 2-33 "重命名页面"对话框

（3）单击"确定"按钮，即可将"页 1"重命名为"花骨朵"，如图 2-34 所示。

图 2-34 重命名页面

2.2.6 页面切换

在制作多个页面的设计作品时，编辑完当前页面中的内容后，用户可通过切换页面的方式再对其他页面的内容进行编辑。页面切换的具体操作步骤如下：

（1）将鼠标指针移至页面控制栏上指向右侧的小三角形按钮上，如图 2-35 所示。

（2）单击鼠标左键，即可切换至"页 2"页面，如图 2-36 所示。

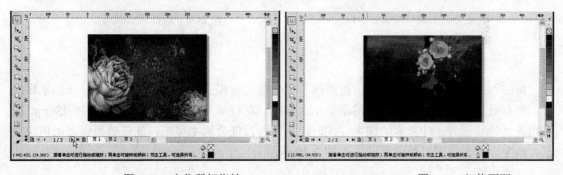

图 2-35 定位鼠标指针   图 2-36 切换页面

2.3 页面显示的设置

在使用 CorelDRAW X4 绘制图形的过程中，用户可以随时改变绘图页面的显示模式及显示比例，以便更加细致地观察所绘图形的整体或局部。

2.3.1 视图显示模式

为了满足用户的不同需求，CorelDRAW X4 提供了简单线框、线框、草稿、正常、增强、叠印增强 6 种显示模式。显示模式不同，显示的画面内容和品质也会有所不同。

1. 简单线框模式

单击"视图"|"简单线框"命令，可将图形文件的显示模式更改为简单线框模式。在该

显示模式下，所有矢量图形只显示外框，且其颜色为所在图层的颜色；所有变形对象（渐变、填充、轮廓图、立体化设置和中间调和形状）只显示其原始图像的外框；位图全部显示为灰色图像，如图 2-37 所示。

2. 线框模式

单击"视图"|"线框"命令，可将图形文件的显示模式更改为线框模式。在该显示模式下，显示结果与简单线框模式类似，只是对所有的变形对象（渐变、填充、轮廓图、立体化设置和中间调和形状）显示所有生成图形的轮廓，如图 2-38 所示。

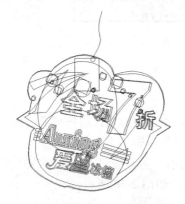

图 2-37　简单线框显示模式　　　　图 2-38　线框显示模式

3. 草稿模式

单击"视图"|"草稿"命令，可将图形文件的显示模式更改为草稿模式。在该显示模式下，所有页面中的图形均以低分辨率显示。其中，花纹填充色、材质填充色及 PostScript 图案填充色等显示为一种基本的图案。此时，位图会以低分辨率显示，滤镜效果以普通色块显示，渐变、填充色则以单色显示，如图 2-39 所示。

4. 正常模式

单击"视图"|"正常"命令，可将图形文件的显示模式更改为正常模式。在该显示模式下，页面中的所有图形均能正常显示，而位图将以高分辨率显示，如图 2-40 所示。

图 2-39　草稿显示模式　　　　　　图 2-40　正常显示模式

5. 增强模式

单击"视图"|"增强"命令，可将图形文件的显示模式更改为增强模式，在该模式下可以显示最好的视图质量，如图 2-41 所示。只有在这种视图质量下，才可以显示 PostScript 图案填充色。

6. 叠印增强模式

单击"视图"|"使用叠印增强"命令，可将图形文件的显示模式更改为增强叠印模式，如图 2-42 所示。在该模式下，模拟重叠对象设置为叠印的区域颜色，并显示 PostScript 填充，高分辨率位图和光滑处理的矢量图形。

图 2-41　增强显示模式　　　　　　　　图 2-42　增强叠印显示模式

2.3.2　页面预览方式

在 CorelDRAW X4 中，用户可以使用全屏方式对图像进行预览，也可以对选定区域中的对象进行预览，还可以进行分页预览。

1. 全屏显示页面

单击"视图"|"全屏预览"命令或者按【F9】键，即可隐藏绘图页面四周屏幕上的工具栏、菜单栏及所有的调板，以全屏显示图像，如图 2-43 所示。按任意键或单击鼠标左键，将取消全屏预览。

图 2-43　全屏预览

2．只预览选定的对象

在图形操作过程中，若用户只想预览选定的对象，可按如下方法进行操作：

（1）单击"文件"|"打开"命令，打开一幅 CorelDRAW 图形文件，如图 2-44 所示。

（2）选择文件中要预览的图形对象，然后单击"视图"|"只预览选定的对象"命令，即可对所选的对象进行全屏预览，如图 2-45 所示。

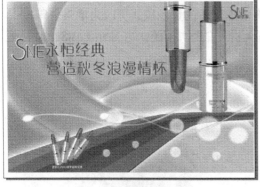

图 2-44　打开图形文件

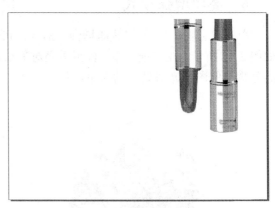

图 2-45　只预览选定对象

3．页面排序器视图

打开一个包含多个页面的 CorelDRAW 图形文件，然后单击"视图"|"页面排序器视图"命令，即可对文件中的所有页面进行预览，在文档窗口中将多个页面中的内容有序地排列显示出来，如图 2-46 所示。

图 2-46　页面排序器视图

2.3.3　调整视图显示比例

在 CorelDRAW 中进行操作时，经常需要对对象进行缩放，以调整视图的显示比例。

CorelDRAW 中默认的显示比例为 100%。

1．缩放

用户可以使用工具箱中的缩放工具 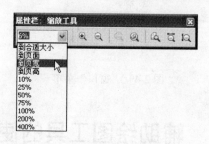 及其属性栏来放大或缩小页面的显示比例，如图 2-47 所示。

图 2-47　缩放工具属性栏

专家指点

> 单击"放大"或"缩小"按钮可以放大或缩小页面的显示比例，如图 2-48 所示。单击"放大"按钮后，在页面上单击鼠标左键可以单击点为中心放大，按住【Shift】键可以切换为缩小状态；按住鼠标左键并拖动，可以放大蓝色虚线框中的部分；按住【Shift】键并拖曳鼠标，则可以缩小蓝色虚线框中的部分。

100%显示　　　　　　　　　放大至 200%　　　　　　　缩小至 25%

图 2-48　设置不同的视图显示比例

2．窗口操作

用户可以使用"窗口"菜单中的命令来控制和操作页面。若打开了两个以上的图形文件，则可以通过"窗口"菜单中的命令切换至不同的文件窗口中，如图 2-49 所示。

专家指点

> 单击"窗口"菜单中的"新建窗口"命令，可以新建一个和当前文件窗口相同的窗口；单击"水平平铺"命令，可以以水平平铺的方式显示多个窗口；单击"垂直平铺"命令，可以以垂直平铺的方式显示多个窗口。

图 2-49 "窗口"菜单

2.4 辅助绘图工具的使用

在 CorelDRAW 中进行图形的绘制和编辑时，经常会用到辅助线、标尺等辅助工具，使用这些工具可以帮助用户准确地绘制和编辑页面中的对象。

2.4.1 使用标尺

在绘图窗口顶端和左侧分别显示一条水平和垂直的标尺，其主要作用是帮助用户了解所绘制对象在绘图窗口中的位置和尺寸。

双击标尺上的任意位置或者单击"视图"|"设置"|"网格和标尺设置"命令，弹出"选项"对话框，用户可根据需要对标尺进行设置，如图 2-50 所示。

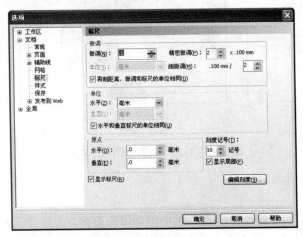

图 2-50 "选项"对话框

该对话框中各主要选项的含义如下：

● 微调：该选项区用于设置微调的单位距离，也就是在绘图或缩放对象时移动鼠标的单位距离。若取消选择"再制距离、微调和标尺的单位相同"复选框，则可以在"单位"选项区的下拉列表框中选择微调的计量单位，如毫米、点、像素等。

● 单位：在该选项区的"水平"下拉列表框中，可以选择计量单位，即标尺的刻度单位；若取消选择"水平和垂直标尺的单位相同"复选框，则可以在"垂直"下拉列表框中设置另外一种计量单位。

● 原点：可以在该选项区的"水平"和"垂直"下拉列表框中选择原点的位置。

● 刻度记号：该数值框用于设置单位长度内刻度记号的数量，若取消选择"显示标尺"复选框，则可以将标尺隐藏。

1. 更改坐标原点位置

默认情况下，坐标原点位于页面的左上角。用户可以移动坐标原点的位置，其操作步骤如下：

（1）移动鼠标指针至坐标原点上，按住鼠标左键并向右下方拖动鼠标，如图 2-51 所示。

（2）至合适位置时释放鼠标左键，此时鼠标指针所在位置即为坐标原点的新位置，如图 2-52 所示。

图 2-51　向右下方拖曳鼠标　　　　　　　　图 2-52　坐标原点的新位置

2. 移动标尺

默认情况下，水平标尺与垂直标尺分别位于页面的上方和左侧，用户可根据需要移动标尺至任意位置。移动标尺的具体操作步骤如下：

（1）将鼠标指针移至水平标尺与垂直标尺相交处的按钮上，按住【Shift】键的同时，按住鼠标左键并拖曳，如图 2-53 所示。

（2）至合适位置后释放鼠标，即可更改标尺的位置，如图 2-54 所示。

图 2-53　拖曳标尺　　　　　　　　　　　图 2-54　更改标尺的位置

2.4.2 使用辅助线

辅助线用于辅助排列、对齐对象，分为水平辅助线和垂直辅助线两种，可以放置在页面中的任意位置。默认情况下，辅助线为细虚线，且不可打印，但用户可通过"对象管理器"泊坞窗将辅助线设置为可打印。

1. 添加辅助线

创建辅助线的方式有两种，分别是使用标尺和通过"选项"对话框。
- 移动鼠标指针至水平标尺或垂直标尺上，按住鼠标左键并向页面的任意位置拖动，释放鼠标左键后，即可创建一条辅助线。
- 单击"视图"|"设置"|"辅助线设置"命令，弹出"选项"对话框，在该对话框中展开"辅助线"选项，从中选择"水平"或"垂直"选项，并在上方的数值框中输入数值，即可添加水平或垂直辅助线。

2. 移动辅助线

移动辅助线的方法有两种，分别是使用选择工具和"选项"对话框。
- 选取工具箱中的选择工具，将辅助线向所需方向拖动，即可移动辅助线。
- 在"选项"对话框中选择要移动的辅助线，然后在上方的数值框中输入不同的数值，单击"移动"按钮即可精确移动辅助线，如图 2-55 所示。

图 2-55 "选项"对话框

3. 旋转辅助线

选取工具箱中的选择工具，选择所需旋转的辅助线，当辅助线呈红色时，再次单击辅助线，辅助线呈可旋转状态，移动鼠标指针至辅助线的旋转指针上，按住鼠标左键并拖动，即可旋转辅助线。

4. 显示/隐藏辅助线

若要显示或隐藏辅助线，单击"视图"|"辅助线"命令即可。

5. 删除辅助线

若要删除辅助线，首先使用工具箱中的选择工具选中需要删除的辅助线，按【Delete】键即可。

2.4.3 使用网格

网格是由许多水平和垂直的细线纵横交叉构成的，可用于辅助捕捉、排列对象。默认情况下网格为实线，用户可以在"选项"对话框中对网格进行设置。

　　若要显示或隐藏网格，单击"视图"|"网格"命令即可。显示网格后的效果如图 2-56 所示。

图 2-56　显示网格

　　若要对网格的频率和间距进行设置，可以单击"视图"|"设置"|"网格和标尺设置"命令，在弹出的"选项"对话框中进行相应的设置，如图 2-57 所示。

　　该对话框中各主要选项的含义如下：

　　● 频率：选中该单选按钮，可以改变单位长度内的行数来调整网格的间隔距离。用户可以在"频率"选项区的"水平"和"垂直"数值框中输入数值来设置单位长度内网格的数量。

　　● 间距：选中该单选按钮，可以改变网格线之间的距离来调整网格的间距。用户可以在"间隔"选项区的"水平"和"垂直"数值框中输入数值来调整网格线之间的距离。

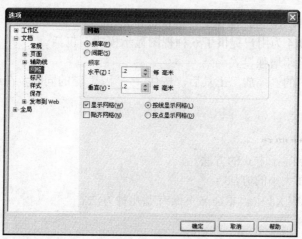

图 2-57　"选项"对话框

2.4.4　使用动态导线

　　使用动态导线可以在绘制和编辑图形时进行多种形式的对齐，也可以捕捉对齐到点，节点间的区域，对象中心和对象边界框等，并可以将每一个对齐的尺寸和距离设置得非常精确。设置动态导线的具体操作步骤如下：

（1）单击"视图"|"设置"|"动态导线设置"命令，弹出"选项"对话框，选中"动态导线"复选框，并设置其他各个选项，如图 2-58 所示。

（2）单击"确定"按钮完成动态导线的设置，将鼠标指针移至绘制的图形上，即可显示动态导线，如图 2-59 所示。

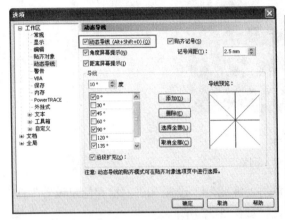

图 2-58　设置动态导线选项

图 2-59　显示动态导线

习题与上机操作

一、填空题

1．在 CorelDRAW X4 中，保存文件的快捷键是_____。

2．CorelDRAW X4 为用户提供了 6 种视图显示模式，包括_____、线框、草稿、正常、_____以及叠印增强模式。

3．选择工具箱中的"缩放"工具后，按住_____键的同时，在绘图页面中单击鼠标左键，可缩小图形。

二、思考题

1．简述设置图形显示方式的方法。

2．简述设置页面大小的方法。

3．在 CorelDRAW X4 中，重命名页面有哪几种方法？

三、上机操作

1．练习新建与打开图形文件。

2．练习在新建的图形文件中添加三个页面，并将其分别重命名为图 1、图 2、图 3。

3．练习为图形文件添加水平和垂直的辅助线。

第 3 章　基本图形的绘制

通过本章的学习，读者应掌握在中文版 CorelDRAW X4 中绘制基本图形的方法，熟练掌握绘制直线与曲线、编辑直线与曲线、绘制几何图形和编辑几何图形等操作。

学习重点和难点

- 手绘工具的使用
- 贝塞尔工具的使用
- 钢笔工具的使用
- 艺术笔工具的使用
- 编辑直线和曲线
- 绘制几何图形的方法
- 编辑几何图形的方法

3.1　绘制直线与曲线

CorelDRAW X4 中大量的绘图作品都是由几何对象构成的，而构成几何对象最基本的元素就是直线和曲线。运用 CorelDRAW X4 提供的手绘工具组，可以绘制直线、曲线以及多段线等。手绘工具组中用于绘制线条的工具包括手绘工具、贝塞尔工具、艺术笔工具、钢笔工具、折线工具、3 点曲线工具以及连接器工具。

3.1.1　使用手绘工具

使用手绘工具可以非常方便地绘制直线、曲线以及直线和曲线的混合图形。调用手绘工具的快捷键为【F5】键。

1．绘制直线

运用手绘工具绘制直线的方法很简单，用户只需在绘图页面中确定一个起点和一个终点即可。运用手绘工具绘制直线的具体操作步骤如下：

（1）选择工具箱中的手绘工具，将鼠标指针移至图形上方需要绘制直线的位置，单击鼠标左键，确定直线的起点，如图 3-1 所示。

（2）将鼠标指针向右上角移动，在合适的位置单击鼠标左键，确定直线的终点，即可完成直线的绘制，如图 3-2 所示。

2．绘制曲线

绘制曲线的方法与绘制直线的方法不一样，用户在确定曲线的起点后，在不释放鼠标的情况下继续拖曳鼠标，即可沿着拖曳的路径创建一条曲线。运用手绘工具绘制曲线的具体操作步骤如下：

图 3-1　确定直线的起点

图 3-2　完成直线的绘制

（1）选择工具箱中的手绘工具，将鼠标指针移至绘图页面中需要绘制曲线的位置，按住鼠标左键并拖动至合适位置后释放鼠标左键，即可绘制一条曲线，如图 3-3 所示。

（2）单击工具属性栏中"选择轮廓宽度或键入新宽度"下拉列表框右侧的下三角按钮，在弹出的下拉列表中选择 1.5mm 选项，如图 3-4 所示。

（3）将鼠标指针移至调色板中的"白"色块上，单击鼠标右键，将曲线的颜色更改为白色，效果如图 3-5 所示。

图 3-3　绘制一条曲线

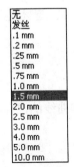

图 3-4　选择轮廓宽度

图 3-5　更改曲线宽度和颜色

3. 绘制闭合曲线

绘制闭合曲线的方法与绘制曲线的方法类似，只是绘制到最后需回到绘制的起点位置，以闭合绘制的曲线。运用手绘工具绘制闭合曲线的具体操作步骤如下：

（1）选取工具箱中的手绘工具，将鼠标指针移到绘图页面中的合适位置，按住鼠标左键并随意拖动鼠标。

（2）拖曳至绘制曲线的起始位置，释放鼠标左键，即可完成闭合曲线的绘制，如图 3-6 所示。

（3）参照上述操作方法，在绘图页面中绘制不同的闭合曲线，然后将鼠标指针移至调色板的"红"色块上，单击鼠标右键，将闭合曲线图形填充为红色，效果如图 3-7 所示。

图 3-6　绘制封闭曲线

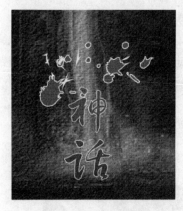
图 3-7　填充后的效果

3.1.2　使用贝塞尔工具

贝塞尔工具 是创建路径图形最常用的工具之一，使用该工具可以绘制连续的直线段，也可绘制曲线和闭合曲线，并能通过调整节点和控制柄的位置来控制曲线的弯曲度及图形的形状。

1．绘制直线

运用贝塞尔工具绘制直线的方法与运用手绘工具绘制直线的方法类似，不同的是运用贝塞尔工具可以连续绘制多条直线，其具体操作步骤如下：

（1）选择工具箱中的贝塞尔工具，将鼠标指针移至绘图页面中图形的合适位置，单击鼠标左键，确定直线的第 1 点；然后将鼠标指针移至图形的另一个位置，单击鼠标左键，确定直线的第 2 点，完成第 1 条直线的绘制，如图 3-8 所示。

（2）将鼠标指针移至另一个位置，单击鼠标左键，再确定第 1 点，然后移动鼠标指针并单击鼠标左键，确定第 2 点，完成第 2 条直线的绘制。用与上述相同的方法绘制其他直线，效果如图 3-9 所示。

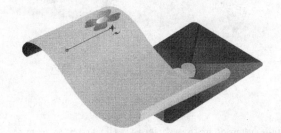
图 3-8　绘制直线

图 3-9　绘制多条直线

2．绘制曲线

使用贝塞尔工具可以精确绘制平滑的曲线。用户可以通过确定节点数量和改变控制点的位置来控制曲线的弯曲程度，还可以使用节点和控制点对直线和曲线进行精确的调整，从而

绘制出精美的图形。

（1）选择工具箱中的贝塞尔工具，将鼠标指针移至绘图页面中的合适位置，单击鼠标左键，确定曲线的起点，然后将鼠标指针移至另一位置，按住鼠标左键并拖曳，至合适位置后释放鼠标左键，绘制一段曲线，如图 3-10 所示。

（2）将鼠标指针移至另一个位置，再次按住鼠标左键并拖曳，继续绘制曲线，至合适位置后释放鼠标左键，如图 3-11 所示。

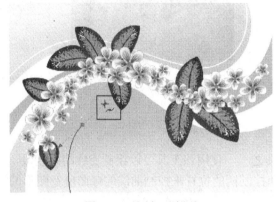 

图 3-10　绘制一段曲线　　　　　　　　　　图 3-11　继续绘制曲线

（3）用与上述相同的方法继续绘制第 3 段曲线，如图 3-12 所示。

（4）在其工具属性栏中设置轮廓宽度为 1.5mm，并设置"轮廓颜色"为白色，效果如图 3-13 所示。

图 3-12　绘制第 3 段曲线　　　　　　　　　图 3-13　更改曲线的轮廓宽度和颜色

3．绘制闭合曲线

运用贝塞尔工具绘制闭合曲线，可以很好地对图形的形状进行控制，比运用手绘工具绘制闭合曲线更加方便、自如。运用贝塞尔工具绘制闭合曲线的具体操作步骤如下：

（1）选择工具箱中的贝塞尔工具，将鼠标指针移至绘图页面中的合适位置，单击鼠标左键，确定封闭图形的起点，然后将鼠标指针移至另一位置，按住鼠标左键并拖曳，至合适位置后释放鼠标左键，绘制一段曲线，如图 3-14 所示。

（2）将鼠标指针移至另一位置，按住鼠标左键并拖曳，绘制另一段曲线，如图 3-15

所示。

　　（3）用与上述相同的方法继续绘制其他的曲线段，最后将鼠标指针移至最初的起点上，单击鼠标左键，绘制一个封闭的图形，如图 3-16 所示。

　　（4）在调色板中设置"填充"为绿色、"轮廓颜色"为无，效果如图 3-17 所示。

图 3-14　绘制曲线

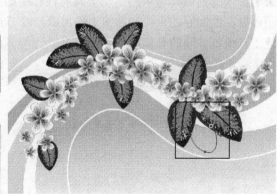

图 3-15　绘制另一段曲线

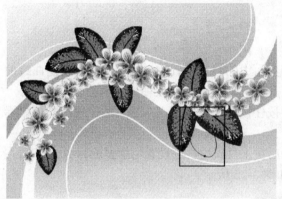

图 3-16　绘制封闭图形

图 3-17　更改填充和轮廓颜色

3.1.3　使用钢笔工具

　　使用钢笔工具 ![钢笔] 可以准确地绘制曲线和图形，还可以对已绘制的曲线和图形进行编辑和修改。在 CorelDRAW X4 中，各种复杂图形都可以通过钢笔工具来绘制。

1. 绘制直线

　　运用钢笔工具绘制直线的方法非常简单，只需确定直线的两点，即可完成操作。运用钢笔工具绘制直线的具体操作步骤如下：

　　（1）选取工具箱中的钢笔工具，此时鼠标指针呈 ![指针] 形状，将鼠标指针移至绘图页面中的合适位置，单击鼠标左键确定直线的起始点，如图 3-18 所示。

　　（2）将鼠标指针移到另一位置并单击鼠标左键确定直线的终点，即可绘制一条直线，效果如图 3-19 所示。

2. 绘制曲线

运用钢笔工具绘制曲线的方法与运用贝塞尔工具绘制曲线的方法基本相同，不同之处在于：在使用钢笔工具绘制曲线的过程中，能在确定下一个节点之前预览到曲线的当前形状（如果无法预览曲线，可单击钢笔工具属性栏中的"预览模式"按钮）。另外，使用钢笔工具还可以在绘制好的直线和曲线上添加或删除节点，从而更加方便地控制直线和曲线。运用钢笔工具绘制曲线的具体操作步骤如下：

 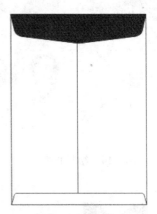

图 3-18　确定直线的起始点　　　　　　图 3-19　绘制直线

（1）选择工具箱中的钢笔工具，在绘图页面中的合适位置单击鼠标左键，确定曲线的起点，移动鼠标指针至另一位置，按住鼠标左键并拖曳，绘制一段曲线，如图 3-20 所示。

（2）再次移动鼠标指针，在适当的位置按住鼠标左键并拖曳，至合适位置后释放鼠标左键，绘制另一段曲线；如图 3-21 所示。

（3）按【Enter】键完成曲线的绘制，然后在工具属性栏中设置轮廓宽度为 2mm，并在调色板中设置"轮廓颜色"为深褐色，效果如图 3-22 所示。

图 3-20　绘制一段曲线　　　图 3-21　绘制另一段曲线　　图 3-22 更改曲线轮廓宽度与颜色

3.1.4　使用艺术笔工具

艺术笔工具可以绘制多种精美的线条和图形，可以模仿现实画笔的效果，使画面中产生艺术效果。艺术笔工具所绘制的图案是沿着鼠标拖曳的路径形状产生的，这条路径处于隐藏状态。艺术笔工具的属性栏中提供了 5 种用于绘制艺术笔触的模式，包括"预设"、"笔刷"、"喷罐"、"书法"和"压力"模式，运用不同的模式可以绘制不同的笔触效果。

1. 预设模式

选择艺术笔工具后，在工具属性栏中单击"预设"按钮，用户可在"预设笔触列表"下拉列表框中看到系统提供的用来创建各种形状的粗笔触。运用预设模式绘图的具体操作方法如下：

（1）选择工具箱中的艺术笔工具，在工具属性栏中单击"预设"按钮，并在"预设笔触列表"下拉列表框中选择笔触形状，如图 3-23 所示。

（2）将鼠标指针移至绘图页面中的合适位置，按住鼠标左键并拖曳，至合适位置后释放鼠标左键，即可绘制"预设"模式下的艺术笔形状，如图 3-24 所示。

图 3-23 设置笔触形状

图 3-24 艺术笔形状

（3）在调色板中设置"填充"为红色、"轮廓颜色"为无，效果如图 3-25 所示。

（4）用与上述相同的方法，运用艺术笔工具绘制其他的艺术笔形状，如图 3-26 所示。

图 3-25 设置填充色与轮廓色

图 3-26 绘制其他艺术笔形状

2. 笔刷模式

单击工具属性栏中的"笔刷"按钮，在"笔触列表"下拉列表框中为用户提供了箭头、图案和笔刷等笔触样式。运用笔刷模式绘图的具体操作步骤如下：

（1）选择工具箱中的艺术笔工具，单击工具属性栏中的"笔刷"按钮，在"笔触列表"下拉列表框中选择合适的笔触样式，将鼠标指针移至绘图页面中的合适位置，按住鼠标左键并拖曳，如图 3-27 所示。

（2）至合适的位置后释放鼠标左键，即可绘制"笔刷"模式下的艺术笔形状，如图 3-28 所示。

图 3-27　拖曳鼠标　　　　　　　　图 3-28　绘制艺术笔形状

3．喷罐模式

单击工具属性栏中的"喷罐"按钮，在"喷涂列表"下拉列表框中提供了大量的喷涂列表文件，使用该模式下的艺术笔工具，可以在所绘制路径的周围均匀地绘制喷罐器中的图案，也可根据需要调整喷罐图案中对象之间的间距以及控制喷涂线条的显示方式，还可对对象进行旋转和偏移等操作。运用喷罐模式绘图的具体操作步骤如下：

（1）选择工具箱中的艺术笔工具，单击工具属性栏中的"喷罐"按钮，在"喷涂列表"下拉列表框中选择烟花艺术笔样式，将鼠标指针移至绘图页面的合适位置，按住鼠标左键并拖曳，如图 3-29 所示。

（2）至合适的位置后释放鼠标左键，即可绘制"喷罐"模式下的艺术笔形状，如图 3-30 所示。

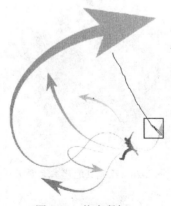

图 3-29　拖曳鼠标　　　　　　　　图 3-30　"喷罐"模式的艺术笔形状

4．书法模式

使用书法模式的艺术笔工具可以模拟书法笔触的效果。用户可以在其属性栏中设置艺术媒体工具的宽度和书法的角度，绘制出所需的图形效果。运用书法模式绘图的具体操作步骤如下：

（1）选择工具箱中的艺术笔工具，单击工具属性栏中的"书法"按钮，在绘图页面的合适位置按住鼠标左键并拖动鼠标，如图 3-31 所示。

（2）至合适位置后释放鼠标左键，即可绘制"书法"模式下的线条，然后在调色板中设置线条的"填充"为海军蓝、"轮廓颜色"为无，效果如图 3-32 所示。

图 3-31　拖曳鼠标

图 3-32　绘制线条并填充颜色

专家指点

> 单击属性栏中的"书法"按钮，此时的属性栏如图 3-33 所示。在"书法"模式属性栏中"书法角度"数值框用于设置书法的角度，若角度为 0°，书法笔垂直方向画出的线条最粗；若角度为 90°，书法笔水平方向画出的线条最粗。设置不同的角度值，可以绘制出不同的书法效果。

图 3-33　"书法"模式属性栏

5. 压力模式

运用该模式下的艺术笔工具，需要结合使用压力笔或者按键盘上的上、下方向键来绘制路径，笔触的粗细由用户握笔的压力大小和键盘上的反馈信息来决定。运用压力模式绘图的具体操作步骤如下：

（1）选择工具箱中的艺术笔工具，单击工具属性栏中的"压力"按钮，将鼠标指针移至绘图页面中的合适位置，按住鼠标左键并拖曳，同时按键盘上的上、下方向键来控制画笔压力，至合适的位置后释放鼠标左键，即可绘制"压力"模式下的线条，如图 3-34 所示。

（2）在调色板中设置线条的"填充"为绿色、"轮廓颜色"为无，如图 3-35 所示。

专家指点

> 在拖曳鼠标绘图过程中，可以通过键盘上的方向键来控制画笔的宽度。按住键盘上的向上方向键，可以增加压力，使画笔变粗；按住键盘上的向下方向键，可以减小压力，使画笔变细。

图 3-34　绘制线条　　　　　图 3-35　设置线条填充色和轮廓色

3.1.5　使用折线工具

折线工具是一个很实用的自由路径绘制工具，它最大的特点就是在绘制过程中始终以实线预览显示，便于用户及时进行调整。

使用折线工具绘制曲线的方法与使用手绘工具的方法相似。选取工具箱中的折线工具，在绘图页面中依次单击鼠标左键，可以绘制直线；在绘图页面中直线的起始点处按住鼠标左键，然后按照曲线的形状拖动鼠标，释放鼠标后即可绘制出曲线；若要结束绘制，在终点处双击鼠标左键即可。

3.1.6　使用 3 点曲线工具

3 点曲线工具是通过确定线条的起点、结束点和线条上的另一点，来绘制所需的曲线。运用 3 点曲线工具绘制曲线的具体操作步骤如下：

（1）选取工具箱中的 3 点曲线工具，将鼠标指针移至页面中的合适位置，按住鼠标左键并拖动鼠标，确定曲线的起始点和终点，绘制一条如图 3-36 所示的直线。

（2）释放鼠标左键后移动鼠标，这时随着鼠标的移动会改变曲线的高度。移动鼠标指针至合适位置，单击鼠标左键即可结束曲线的绘制操作，效果如图 3-37 所示。

图 3-36　绘制直线　　　　　图 3-37　绘制曲线

3.1.7　使用连接器工具

使用连接器工具可以绘制各种折线或直线，作为各图形之间的连接线。连接器工具具有自动捕捉节点的功能，可以更方便地在图形之间绘制直线。

选取工具箱中的连接器工具，然后单击其属性栏中的"直线连接器"按钮，在两个

图形之间连线，可绘制直线，如图 3-38 所示。

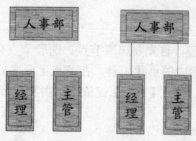

图 3-38　绘制直线

单击其属性栏中的"成角连接器"按钮，在两个图形之间连线，可绘制折线，如图 3-39 所示。

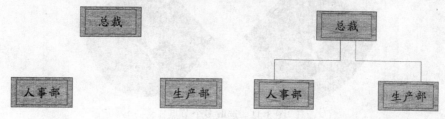

图 3-39　绘制折线

用户还可以运用挑选工具选择绘制的直线或折线，然后在工具属性栏中单击"终止箭头选择器"或"起始箭头选择器"下拉列表框右侧的下三角按钮，在弹出的下拉列表中选择合适的箭头样式，为绘制的直线或折线添加箭头，如图 3-40 所示。

图 3-40　为直线和折线添加箭头

3.2　编辑直线与曲线

若用户对绘制的直线或曲线不满意，可以使用形状工具对节点进行选择、移动、添加、删除、连接、分割和对齐等操作，也可改变节点的属性，或者将直线与曲线进行互换。

3.2.1　选择和移动节点

利用形状工具选择图形对象中的节点后，用户可对节点进行移动，以改变节点的位置和图形的形状。

1. 选择节点

在对图形对象进行编辑之前，首先要选取节点。选取节点有以下 5 种方法：

● 鼠标单击：选取工具箱中的形状工具，在节点上单击鼠标左键即可选取该节点，且被选择的节点显示为蓝色方块。按住【Shift】键依次单击其他节点，可以同时选取多个节点，如图 3-41 所示。

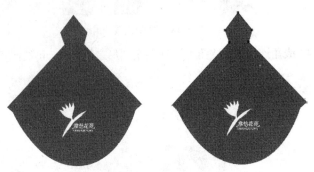

图 3-41　选取多个节点

● 鼠标框选：选取工具箱中的形状工具，按住鼠标左键并拖动鼠标，可以框选多个节点。

● 菜单命令：单击"编辑"|"全选"|"节点"命令，可以选定曲线上的全部节点，如图 3-42 所示。

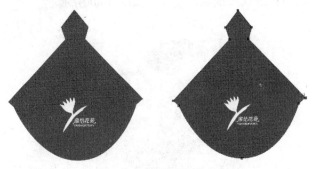

图 3-42　选取全部节点

● 键盘加鼠标：在按住【Ctrl＋Shift】组合键的同时，单击曲线上的任意一个节点，或者单击其属性栏中的"选择全部节点"按钮，即可选中该曲线上的所有节点。

● 形状工具：选择曲线图形，双击工具箱中的形状工具即可选择曲线图形的全部节点。

若要撤销对节点的选择，可在按住【Shift】键的同时单击选择的节点；若要撤销对全部节点的选择，则单击绘图页面中的空白区域即可。

2. 移动节点

若图形中所绘制节点的位置不满足用户的要求，用户可通过移动节点的方式改变节点的位置，其具体操作方法如下：

（1）选择工具箱中的形状工具，选择曲线图形中需要移动的节点，按住鼠标左键并向右拖曳，如图 3-43 所示。

（2）至合适位置后释放鼠标左键，即可完成移动节点操作，效果如图 3-44 所示。

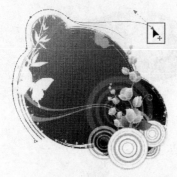

图 3-43　拖曳节点　　　　　　　　　　图 3-44　移动节点后的效果

3.2.2　添加和删除节点

在编辑图像的过程中，可以通过对节点进行添加和删除等操作，从而改变图形的形状或更好地编辑线条，绘制出较复杂的图形效果。

1．添加节点

在编辑图形对象的过程中，用户可以使用以下方法来添加节点：

● 鼠标双击：选取工具箱中的形状工具，单击需要添加节点的图形，在要添加节点的位置双击鼠标左键，该位置就会添加一个节点，如图 3-45 所示。

图 3-45　添加节点

● 属性栏按钮：选取工具箱中的形状工具，单击需要添加节点的图形，在需要添加节点的位置单击鼠标左键，再单击其属性栏中的"添加节点"按钮，可以添加节点。

● 快捷菜单：选取工具箱中的形状工具，将鼠标指针移至需要添加节点的位置，单击鼠标右键，在弹出的快捷菜单中选择"添加"选项，可以添加节点。

2．删除节点

在编辑图形对象的过程中，过多的节点会影响图形边缘的平滑度，因此需删除不必要的节点。删除节点有以下 3 种方法：

● 属性栏按钮：选取工具箱中的形状工具，选择要删除的节点，再单击其属性栏中的"删除节点"按钮，即可删除该节点，如图 3-46 所示。

● 快捷菜单：选取工具箱中的形状工具，选择要删除的节点，单击鼠标右键，在弹出的快捷菜单中选择"删除"选项，即可删除该节点。

● 删除键：选取工具箱中的形状工具，选择要删除的节点，按【Delete】键即可删除该节点。

图 3-46   删除节点

3.2.3   连接和分割曲线

在同一曲线图形上的两个节点可以连接为一个节点，被连接的两个节点间的线段会闭合。同样，用户也可将原本完整的图形进行分割，以达到所需要的设计效果。

1．连接节点

常见的连接节点的方法主要有以下 5 种：

● 属性栏按钮 1：使用形状工具，按住【Shift】键的同时选择或者拖曳鼠标框选需要连接的两个节点，单击属性栏中的"连接接两个节点"按钮，所选的两个节点即被连接起来，如图 3-47 所示。

图 3-47   连接曲线

● 属性栏按钮 2：使用形状工具选择两个节点，单击其属性栏中的"延长曲线使之闭合"按钮延长曲线，即可连接节点。

● 属性栏按钮 3：选择节点，单击其属性栏中的"自动闭合曲线"按钮，所选的节点会自动连接。

● 快捷菜单：选择节点，在其上单击鼠标右键，在弹出的快捷菜单中选择"自动闭合"或"连接"选项。

● 鼠标拖动：使用形状工具在曲线的一个节点上单击鼠标左键将其选中，然后将该节点拖曳至另一个节点上，当鼠标指针呈 形状时，释放鼠标左键即可连接节点。

将两个呈分开状态的节点连接起来的具体操作步骤如下：

（1）选择工具箱中的形状工具，在需要连接节点的曲线图形上单击鼠标左键，如图 3-48 所示。

（2）单击其工具属性栏中的"自动闭合曲线"按钮，即可将分开的节点连接起来，如图 3-49 所示。

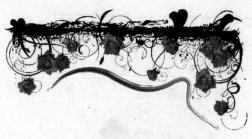

图 3-48　单击曲线图形

图 3-49　连接节点

2．分割节点

要分割闭合的曲线图形，只需选中图形中某个节点，然后单击工具属性栏中的"断开曲线"按钮 ![icon] 即可，其具体操作步骤如下：

（1）选择工具箱中的形状工具，在曲线图形的合适位置双击鼠标左键，添加一个节点，如图 3-50 所示。

（2）单击工具属性栏中的"断开曲线"按钮，即可将曲线图形的节点分割开来，如图 3-51 所示。

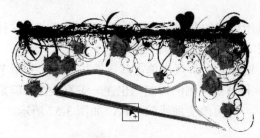

图 3-50　添加一个节点

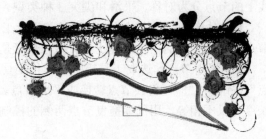

图 3-51　分割节点

3.2.4　对齐节点

在 CorelDRAW X4 中，可以将多个节点水平或垂直对齐，其具体操作步骤如下：

（1）选择工具箱中的形状工具，按住【Shift】键的同时，在绘图页面中选择两个需要对齐的节点，如图 3-52 所示。

（2）单击工具属性栏中的"对齐节点"按钮 ![icon]，弹出"节点对齐"对话框，取消选择"垂直对齐"复选框，并保留"水平对齐"复选框的选中状态，如图 3-53 所示。

图 3-52　选择需要对齐的节点

图 3-53　"节点对齐"对话框

（3）单击"确定"按钮，即可将选择的两个节点水平对齐，如图3-54所示。

（4）用与上述相同的方法对齐曲线图形中的其他节点，效果如图3-55所示。

图3-54　水平对齐节点　　　　　　　　图3-55　对齐其他节点

3.2.5　改变节点属性

节点影响图形的形状，在调整曲线图形时，可以通过改变节点属性来改变图形形状。曲线上的节点分为对称、平滑和尖突3种类型。

● 对称节点：使用贝塞尔工具和钢笔工具所创建的曲线节点默认都是对称节点，这种节点两边的控制柄在一条直线上，并且长度是相等的，如图3-56所示。

● 平滑节点：选取工具箱中的形状工具，选择一个节点，单击其属性栏中的"平滑节点"按钮，即可将该节点转换成平滑节点。该种节点两侧的控制柄也在一条直线上，但是长度可以不相等，用鼠标拖曳节点两侧的控制柄，即可改变曲线的形状，如图3-57所示。

图3-56　对称节点　　　　　　　　图3-57　改变曲线形状

● 尖突节点：选取工具箱中的形状工具，选择曲线上的一个对称节点，单击其属性栏中的"使节点成为尖突"按钮，可以将该节点转换成尖突节点。该种节点两侧的控制柄可以不在一条直线上，长度也可不相等。使用鼠标拖曳节点两侧的控制柄，即可改变曲线段的形状。

 专家指点

> 用户在绘制曲线的过程中，使用形状工具拖曳节点，可以移动节点；在按住【C】键的同时，使用形状工具拖曳节点，则可将平滑节点转换为尖突节点，或者将尖突节点转换为平滑节点；在按住【S】键的同时，使用形状工具拖曳节点，则可将对称节点转换为平滑节点，或者将平滑节点转换为对称节点。

3.2.6　转换直线和曲线

在 CorelDRAW X4 中，用户可方便、快捷地将绘制的直线转换为曲线，或者将曲线转换为直线。

1. 将直线转换为曲线

将直线转换为曲线后，两个节点之间会显示控制柄，通过调整控制柄可将直线变成曲线，其具体操作步骤如下：

（1）选择工具箱中的形状工具，在需要转换为曲线的直线上单击鼠标左键，如图 3-58 所示。

（2）单击工具属性栏中的"转换直线为曲线"按钮，将鼠标指针移至直线的中间位置，单击鼠标左键并向左上角拖曳，即可将直线变成曲线，如图 3-59 所示。

图 3-58　单击直线　　　　　　　　　图 3-59　将直线转换为曲线

2. 将曲线转换为直线

在绘制图形时，用户可能需要将绘制的曲线转换为直线，以达到所需要的设计效果，此时可以按以下方法进行操作：

（1）选择工具箱中的形状工具，在绘图页面中单击需要转换为直线的曲线，如图 3-60 所示。

（2）单击工具属性栏中的"选择全部节点"按钮，然后单击"转换曲线为直线"按钮，即可将曲线转换为直线，如图 3-61 所示。

 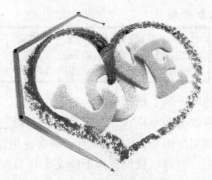

图 3-60　单击曲线　　　　　　　　　图 3-61　将曲线转换为直线

3.3 绘制几何图形

CorelDRAW X4 是一个绘图功能很强的软件，利用矩形、3 点矩形、椭圆形、3 点椭圆形、多边形、星形、图纸、螺纹以及预设形状等工具，用户可以轻易地绘制出矩形、椭圆、多边形和螺纹等几何图形。

3.3.1 绘制矩形

运用矩形工具组中的矩形工具和 3 点矩形工具，可以方便地绘制矩形。

1. 矩形工具

选取工具箱中的矩形工具▢或按【F6】键，当鼠标指针呈┼▢形状时，沿对角线拖曳鼠标即可得到一个矩形，其具体操作步骤如下：

（1）选择工具箱中的矩形工具，在绘图页面中的合适位置按住鼠标左键并向右下角拖曳，如图 3-62 所示。

（2）至合适的位置后释放鼠标左键，即可绘制一个矩形，如图 3-63 所示。

（3）在调色板中设置矩形的"填充"为红色、"轮廓颜色"为无，效果如图 3-64 所示。

图 3-62 拖曳鼠标   图 3-63 绘制矩形   图 3-64 设置矩形颜色

专家指点

> 用户在绘制矩形的过程中，若同时按住【Ctrl】键，则绘制的图形是正方形；若同时按住【Shift】键，则绘制的图形是以起始点为中心的矩形；若同时按住【Ctrl + Shift】组合键，则绘制的图形是以起始点为中心的正方形。

使用矩形工具还可以绘制圆角矩形。选取工具箱中的矩形工具，在其属性栏中的矩形的边角圆滑度数值框▫▫▫▫中设置其边角圆滑度，然后在绘图页面的合适位置拖曳鼠标即可绘制圆角矩形。图 3-65 所示即为使用矩形工具绘制的圆角矩形效果。

用户也可以只设置矩形的某个角为圆角。选取工具箱中的矩形工具，在其属性栏中单击"锁定"按钮🔒，解除锁定状态，分别在 4 个数值框中设置相应的数值，然后在绘图页面中拖曳鼠标绘制矩形即可。图 3-66 所示即为设置矩形 4 个角为不同圆滑度后的效果。

图 3-65　绘制圆角矩形

图 3-66　绘制不同圆滑度的圆角矩形

2. 3 点矩形工具

使用 3 点矩形工具可以绘制任意角度的矩形，并可以通过指定的高度和宽度来绘制矩形，其具体操作步骤如下：

（1）选择工具箱中的 3 点矩形工具，在绘图页面的合适位置按住鼠标左键并向右下角拖曳，如图 3-67 所示。

（2）至合适的位置后释放鼠标左键，然后向右移动鼠标指针，如图 3-68 所示。

（3）移至适当的位置后单击鼠标左键，即可完成矩形的绘制，如图 3-69 所示。

（4）在调色板中设置矩形的"填充"为绿色、"轮廓颜色"为无，效果如图 3-70 所示。

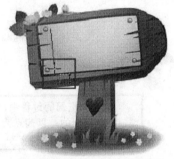

图 3-67　单击并拖曳鼠标

图 3-68　向右移动鼠标指针　　　图 3-69　绘制矩形　　　图 3-70　设置矩形颜色

3.3.2　绘制椭圆

在 CorelDRAW X4 中，绘制椭圆的工具有椭圆形工具和 3 点椭圆形工具两种。使用椭圆形工具与 3 点椭圆形工具可以方便地绘制椭圆、圆形、饼形或圆弧。

1. 椭圆形工具

在使用椭圆形工具绘制椭圆的过程中，可以指定椭圆的高度和宽度，并可以通过其属性栏中的按钮将其设置为饼形或弧形。

运用椭圆形工具绘制椭圆的具体操作步骤如下：

（1）选择工具箱中的椭圆形工具 ，在绘图页面中的合适位置按住鼠标左键并拖动鼠标，至合适位置后释放鼠标左键，即可绘制一个椭圆，如图 3-71 所示。

（2）设置椭圆的轮廓宽度为 1mm、"轮廓颜色"为白色，然后用与上述相同的方法绘制其他的椭圆，并设置相应的属性，效果如图 3-72 所示。

图 3-71　绘制椭圆　　　　　　　　　　图 3-72　绘制其他椭圆

专家指点

在绘制椭圆的过程中，若同时按住【Ctrl】键，则所绘制的是正圆；若同时按住【Shift】键，则所绘制的是以起点为中心的椭圆；若同时按住【Ctrl + Shift】组合键，则所绘制的是以起始点为中心的正圆。

若用户需要绘制弧形或饼形，可以先选取工具箱中的椭圆工具，在绘图页面中的合适位置绘制一个椭圆，然后在其属性栏中单击"弧形"按钮，椭圆将被转换成一个弧形；单击其属性栏中的"饼形"按钮，可将椭圆转换成饼形，如图 3-73 所示。

图 3-73　椭圆转换为饼形

专家指点

将椭圆转换为饼形后，选取工具箱中的形状工具，选中并拖曳饼形中的一个节点，若鼠标指针在饼形内拖曳，则只改变饼形的角度；若鼠标指针在饼形外拖曳，则是将饼形转换为弧形，并同时改变弧形的角度。

在 CorelDRAW X4 默认情况下，绘制的饼形和弧形角度都是 270 度，若要改变其角度，可以改变其属性栏中"起始和结束角度"数值框  中的数值。例如，选取工具箱中的椭圆工具，选择绘图页面中的饼形，在其属性栏的起始和结束角度两个数值框中调整起始角度和结束角度，饼形即可发生改变，如图 3-74 所示。

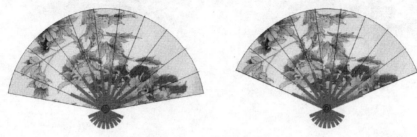

图 3-74 改变饼形的角度

专家指点

在使用椭圆工具的过程中，单击"顺时针/逆时针弧形或饼图"按钮，可以改变所选饼形或弧形的方向，使之成为当前饼形或弧形的互补图形，如图 3-75 所示。

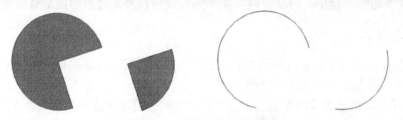

图 3-75 改变饼形和弧形方向

2. 3 点椭圆形工具

使用 3 点椭圆形工具可以绘制任意角度的椭圆，并可以指定椭圆的高度和宽度，从而更方便地控制所绘制椭圆的大小，运用该工具绘制椭圆的具体操作步骤如下：

（1）选择工具箱中的 3 点椭圆形工具，在绘图页面中的合适位置按住鼠标左键并向右下角拖曳，如图 3-76 所示。

（2）至合适的位置后释放鼠标左键，然后向右上角移动鼠标指针，如图 3-77 所示。

图 3-76 单击并拖曳鼠标   图 3-77 移动鼠标指针

（3）至适当位置后单击鼠标左键，即可绘制一个椭圆形，如图 3-78 所示。

（4）在调色板中设置椭圆的"填充"为白色、"轮廓颜色"为无，如图 3-79 所示。

图 3-78　绘制椭圆形　　　　　　　　图 3-79　设置椭圆的颜色

3.3.3　绘制多边形

基本绘图工具中除了矩形工具和椭圆工具外，最具变化功能的就是多边形工具，使用该工具可以绘制多边形、星形、网格及螺旋图形等，还可以将多边形和星形修改成其他形状。

1.　多边形工具

运用多边形工具 绘制多边形的方法与绘制矩形和椭圆的方法类似，拖曳鼠标即可绘制多边形，多边形的边数可以在其属性栏中设定，其具体操作方法如下：

（1）选择工具箱中的多边形工具，在工具属性栏中设置多边形的边数为 5，将鼠标指针移至绘图页面中的合适位置，按住【Ctrl】键的同时，单击鼠标左键并向右下角拖曳，如图 3-80 所示。

（2）至合适的位置后释放鼠标左键，即可完成一个正五边形的绘制，如图 3-81 所示。

图 3-80　单击并拖曳鼠标　　　　　　　图 3-81　绘制多边形

（3）在调色板中设置正五边形的"填充"为白色、"轮廓颜色"为无，然后将绘制的正五边形进行复制，并调整其旋转角度，最终效果如图 3-82 所示。

图 3-82　复制并调整旋转角度

专家指点

在使用多边形工具绘制多边形的过程中，若同时按住【Ctrl】键，则所绘制的多边形为正多边形；若同时按住【Shift】键，则所绘制的多边形是以起始点为中心的多边形；若同时按住【Ctrl + Shift】组合键，则所绘制的多边形是以起始点为中心的正多边形。

使用多边形工具选取需要改变边数的多边形，在其属性栏的"多边形、星形和复杂星形的点数或边数"数值框中输入数值，设置多边形的边数，然后按【Enter】键即可改变多边形的边数。选取工具箱中的形状工具，选中并拖曳多边形直线段中间的节点，即可改变多边形的形状，效果如图 3-83 所示。

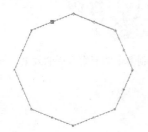

图 3-83　改变多边形的形状

2．星形工具

运用多边形工具组中的星形工具所绘制的星形在默认情况下是五角星，但通过工具属性栏，用户可自行设置所需绘制星形的角数。使用星形工具绘制星形的具体操作步骤如下：

（1）选择工具箱中的星形工具，在工具属性栏中设置星形角数为 8，按【Enter】键进行确认，按住【Ctrl】键的同时，在绘图页面中的合适位置按住鼠标左键并拖曳，如图 3-84 所示。

（2）至合适的位置后释放鼠标左键，即可绘制一个正八角形，在调色板中设置正八角形的"填充"为白色、"轮廓颜色"为无，效果如图 3-85 所示。

3．复杂星形工具

使用复杂星形工具可以绘制一些稍复杂的星形。选取工具箱中的复杂星形工具，当

鼠标指针呈 形状时，在绘图页面中按住鼠标左键并拖曳鼠标，即可绘制复杂星形。

图 3-84 单击并拖曳鼠标 　　　　　　　　图 3-85 绘制正八角形

选取工具箱中的复杂星形工具，选择要修改的复杂星形，在其属性栏的"多边形、星形和复杂星形的点数或边数"数值框中设置复杂星形的边数（输入的数值不能少于 5），在"星形和复杂星形的锐度"数值框中设置复杂星形的尖角，然后按【Enter】键即可改变复杂星形的形状。图 3-86 所示即为改变多边形边数，然后复制多个图形并设置其颜色后的效果。

边数为 5 时的效果 　　　　　　　　边数为 20 并复制多个图形组合后的效果

图 3-86 改变复杂星形的边数

4. 图纸工具

使用图纸工具可以非常方便地绘制图纸。选取工具箱中的图纸工具 ，当鼠标指针呈 形状时，在其属性栏的"图纸行和列数"数值框 中分别输入图纸的列数和行数，然后在绘图页面中的合适位置按住鼠标左键并拖曳，即可绘制图纸。运用多边形工具绘制网格的具体操作步骤如下：

（1）选择工具箱中的图纸工具，在绘图页面中的合适位置按住鼠标左键并拖动鼠标，至合适位置后释放鼠标左键，即可绘制一个 3 行 4 列的网格，如图 3-87 所示。

（2）在状态栏的"轮廓颜色"图标上双击鼠标左键，弹出"轮廓笔"对话框，在"颜色"下拉列表框中选择"橘红"色块，单击"宽度"下拉列表框右侧的下三角按钮，在弹出的下拉列表中选择 2.0mm 选项，如图 3-88 所示。

（3）单击"确定"按钮，即可更改网格轮廓的属性，选择网格轮廓，单击鼠标右键，在弹出的快捷菜单中选择"顺序"｜"向后一层"选项，将网格图形置于人物图形的下方，效果如图 3-89 所示。

图 3-87　绘制网格　　　　图 3-88　"轮廓笔"对话框　　　图 3-89　更改网格轮廓的属性

5. 螺纹工具

使用螺纹工具 可以绘制出对称式和对数式两种螺纹。对称式螺纹均匀扩展，因此各回圈之间的距离相等；对数式螺纹回圈之间的距离不断增大，用户可以根据需要设置其扩展参数。运用螺纹工具绘制螺纹的具体操作步骤如下：

（1）选择工具箱中的螺纹工具，在绘图页面中的合适位置按住鼠标左键并拖动鼠标，至合适的位置后释放鼠标左键，即可绘制一个螺纹，如图 3-90 所示。

（2）在"轮廓笔"对话框中设置轮廓的"颜色"为"橘红"、"宽度"为 2.0mm，如图 3-91 所示。

（3）单击"确定"按钮，完成螺纹属性的设置，并将螺纹移至人物图形的下方，效果如图 3-92 所示。

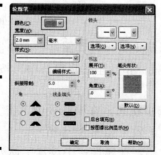

图 3-90　绘制螺纹　　　　图 3-91　"轮廓笔"对话框　　　图 3-92　完成螺纹属性设置

3.3.4　绘制预设图形

CorelDRAW X4 提供了一组预设形状，包括基本形状、箭头形状、流程图形状、标题形状和标注形状，使用它们可以方便地绘制一些规则图形。

单击工具箱中基本形状工具 右下角的小三角按钮，在展开的基本形状工具组中依次为基本形状工具、箭头形状工具、流程图形状工具、标题形状工具和标注形状工具，如图 3-93 所示。

1. 基本形状工具

CorelDRAW X4 的基本形状工具组中有多种预设的形状工具（如图 3-94 所示），利用它们可以绘制出多种基本形状，如心形、箭头、笑脸、星形、标注、流程图等。利用基本形状工具绘制公共标识符号的具体操作方法如下：

图 3-93　基本形状工具组　　　　图 3-94　系统预设的基本形状工具

（1）选取工具箱中的椭圆形工具，移动鼠标指针至页面中的合适位置，按住【Ctrl】键的同时拖曳鼠标，绘制一个正圆，如图 3-95 所示。

（2）在调色板中单击"白"色块，为图形填充白色，在其属性栏中设置"轮廓宽度"为 1.2mm，双击状态栏右侧的"轮廓颜色"图标，弹出"轮廓笔"对话框，设置"颜色"为红色，单击"确定"按钮，图形效果如图 3-96 所示。

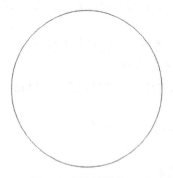

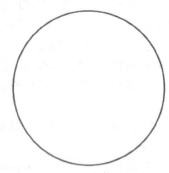

图 3-95　绘制图形（一）　　　　　　　　图 3-96　填充颜色（一）

（3）选取工具箱中的基本形状工具，在其属性栏中单击"完美形状"按钮▢，在弹出的下拉面板中选择◎图形，移动鼠标指针至图形窗口中，按住【Ctrl】键的同时拖曳鼠标，绘制如图 3-97 所示的图形。

（4）确定所绘制的图形为选中状态，在调色板中单击"红"色块，为图形填充颜色，在属性栏中设置轮廓宽度为"无"，效果如图 3-98 所示。

（5）选取工具箱中的文本工具，在属性栏中设置字体为"文鼎 CS 大黑"、字体大小为62，设置填充色为蓝色，然后移动鼠标指针至页面中，单击鼠标左键，确定文字的插入点，输入文字"危险物"，效果如图 3-99 所示。

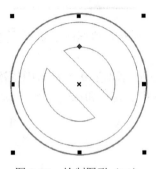

图 3-97　绘制图形（二）　　　　图 3-98　填充颜色（二）　　　　图 3-99　输入文字

2. 箭头形状工具

用户在绘图设计过程中，通常会用箭头来作指示，为此，CorelDRAW X4 提供了箭头形状工具，以方便用户的操作。利用箭头形状工具绘制部门指示牌的具体操作方法如下：

（1）单击"文件"|"打开"命令或按【Ctrl＋O】组合键，打开一幅素材图形，如图 3-100 所示。

（2）选取工具箱中的箭头形状工具，在其属性栏中单击"完美形状"按钮，在弹出的下拉面板中选择⇐图形，移动鼠标指针至页面中，按住鼠标左键并拖动鼠标，绘制如图 3-101 所示的图形。

（3）在调色板中选择"白"色块，在其属性栏中设置轮廓宽度为"无"，对图形进行填充，效果如图 3-102 所示。

（4）参照步骤（2）～（3）的操作方法，绘制如图 3-103 所示的图形，然后单击鼠标左键，当鼠标指针呈↻形状时，按住鼠标左键并拖动鼠标，进行旋转操作，至合适位置后释放鼠标左键，效果如图 3-104 所示。

（5）参照步骤（4）的操作方法，绘制其他图形，最终效果如图 3-105 所示。

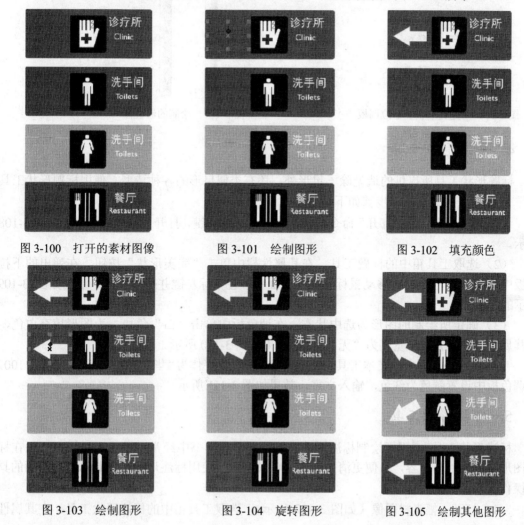

图 3-100　打开的素材图像　　　图 3-101　绘制图形　　　图 3-102　填充颜色

图 3-103　绘制图形　　　图 3-104　旋转图形　　　图 3-105　绘制其他图形

3. 流程图形状工具

流程图形状工具中提供了许多特殊的造型，与基本形状不同的是，它未提供控制柄，即不能通过控制柄来调整其造型。

选取工具箱中的流程图形状工具，单击其属性栏中的"完美形状"下拉按钮，弹出的下拉调板如图 3-106 所示。在该下拉调板中选择一种流程图类型，在绘图页面中按住鼠标左键并拖动鼠标，即可绘制出该流程图形状。图 3-107 所示即为使用流程图形状工具绘制流程图并进行编辑后的效果。

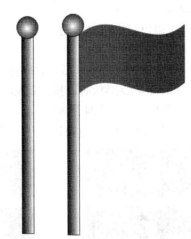

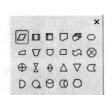

图 3-106 "完美形状"下拉调板 图 3-107 绘制的流程图

4. 标题形状工具

标题形状工具所提供的造型除了星形外，还有类似星形的各种造型。使用标题形状工具制作 POP 广告的具体操作步骤如下：

（1）单击"文件"|"打开"命令或按【Ctrl＋O】组合键，打开一幅素材图形，如图 3-108 所示。

（2）选取工具箱中的标题工具，在其属性栏中单击"完美形状"按钮，在弹出的下拉面板中选择 图形，然后移动鼠标指针至页面中按住鼠标左键并拖动鼠标，绘制如图 3-109 所示的图形。

（3）确定所绘制的图形为选中状态，在调色板中单击"白"色块，为图形填充白色，在其属性栏中设置轮廓宽度为"无"，图形效果如图 3-110 所示。

（4）选取工具箱中的文本工具，在其属性栏中设置字体为"华文行楷"、字体大小为 100，在调色板中设置颜色为红色，输入文字，效果如图 3-111 所示。

5. 标注形状工具

标注形状工具 用于绘制标注图形。标注图形在图书中经常可以看到，用户可以在标注图形中输入注释内容，以便更清楚地表达各种含义。使用标注形状工具制作梦幻画面的具体操作步骤如下：

（1）打开一幅素材图像（如图 3-112 所示），选取工具箱中的标注形状工具，在其属性栏中单击"完美形状"按钮，在弹出的下拉面板中选择  图形，并在页面中按住鼠标左键并拖动鼠标，绘制如图 3-113 所示的图形。

图 3-108　打开素材图形　图 3-109　绘制图形（一）　图 3-110　填充颜色（一）　图 3-111　输入文字（一）

图 3-112　打开素材图像

图 3-113　绘制图形（二）

（2）确定所绘制的图形为选中状态，在调色板中单击"浅粉红"色块，在其属性栏中设置轮廓宽度为"无"，效果如图 3-114 所示。

（3）选取工具箱中的文本工具，在其属性栏中设置字体为"黑体"、字体大小为 16，移动鼠标指针至页面中，在图形对象上单击并输入文字，效果如图 3-115 所示。

图 3-114　填充颜色（二）

图 3-115　输入文字（二）

3.3.5 智能绘图

智能绘图工具 不仅能够识别矩形、平行四边形、圆形、椭圆形和箭头形状，而且能够智能地平滑曲线、最小化图像等。

选取工具箱中的智能绘图工具，当鼠标指针呈 形状时，在其属性栏中完成相应的设置，然后在绘图页面中按住鼠标左键并拖动鼠标，绘制一个不规则的圆形，释放鼠标后，系统根据智能平滑率可自动地将图形调整为圆形，如图 3-116 所示。

若在绘图页面中按住鼠标左键并拖动鼠标，绘制一个不规则的矩形，释放鼠标后，系统根据智能平滑率可自动地将图形调整为矩形，如图 3-117 所示。

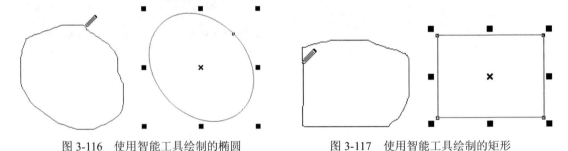

图 3-116　使用智能工具绘制的椭圆　　　　图 3-117　使用智能工具绘制的矩形

3.4　编辑几何图形

若使用绘图工具绘制的图形不能满足用户的需求，用户可运用其他变形工具，如形状工具 、涂抹笔刷 、刻刀工具 、橡皮擦工具 以及虚拟段删除工具 等对绘制的图形进行变形操作。

3.4.1 使用形状工具

使用形状工具可以调节图形和位图上的节点、控制柄或轮廓曲线，运用形状工具变形图形的具体操作步骤如下：

（1）选择工具箱中的形状工具，选择图形上的一个节点，按住鼠标左键并向右上角拖曳，如图 3-118 所示。

（2）拖曳至合适位置后释放鼠标左键，即可变形图形，如图 3-119 所示。

图 3-118　拖曳节点　　　　　　　　　图 3-119　变形图形

（3）选择图形上的另一个节点，按住鼠标左键并向右上角拖曳，如图 3-120 所示。

（4）至合适位置后释放鼠标左键，用与上述相同的方法调整图形上的其他节点，即可完成图形的变形，如图 3-121 所示。

图 3-120　拖曳节点　　　　　　　　　　　　图 3-121　调整其他节点

3.4.2　使用涂抹笔刷工具

运用涂抹笔刷工具可以使曲线产生向内凹进或向外凸起的变形效果，但涂抹笔刷工具只能对曲线对象进行变形，而不能对矢量图形、段落文本及位图等其他对象进行变形。运用涂抹笔刷工具变形图形的操作步骤如下：

（1）运用挑选工具选择绘图页面中需要变形的曲线图形，选择工具箱中的涂抹笔刷工具，将鼠标指针移至需要变形的图形对象上，按住鼠标左键并向上拖曳，如图 3-122 所示。

（2）至适当位置后释放鼠标左键，即可变形图形，如图 3-123 所示。

图 3-122　单击并拖曳鼠标　　　　　　　　　　图 3-123　变形图形

选取工具箱中的涂抹笔刷工具，在其属性栏中将显示用于设置涂抹笔刷属性的选项，如图 3-124 所示。

图 3-124　涂抹笔刷工具属性栏

该属性栏中主要选项的含义如下：

● "笔尖大小"数值框 [20.0 mm] ：用于设置工具尖端的尺寸，表现为凹进或凸起末端的大小。

● "使用笔压设置"按钮 ：用于设置涂抹笔触的压力。

● "在效果中添加水分浓度"数值框 [10] ：用于设置凹进或凸起曲线逐渐变细的比率，取值范围为-10～10。数值越大，变细的比率就越大，凹进或凸起就越短；数值越小，变细的比率越小，凹进或凸起就越长。

● "为斜移设置输入固定值"数值框 [15.0] ：用于设置工具尖端的圆满程度，取值范围为 15～90。数值越小，工具尖端越趋于扁平，凹进或凸起的末端就越趋于直线；数值越大，工具尖端越趋于圆满，凹进或凸起的末端就越趋于圆弧。

● "为关系设置输入固定值"数值框 35.0°：用于设置工具尖端倾斜的角度，表现为凹进或凸起末端倾斜的角度，它的取值范围为 0～360。

3.4.3　使用粗糙笔刷工具

粗糙笔刷工具 可以使平滑的曲线变得粗糙，即将刷过的地方变成折线。粗糙笔刷工具只适用于曲线。

选取工具箱中的粗糙笔刷工具，在其属性栏中设置相应的参数，将鼠标指针移到图形轮廓的一点上，按住鼠标左键并沿着轮廓拖动鼠标，当拖到适当位置时释放鼠标左键，图形边缘呈锯齿形状。图 3-125 所示即为使用粗糙笔刷工具绘制图形前后的效果对比。

图 3-125　使用粗糙笔刷工具绘制的效果

3.4.4　使用刻刀工具

使用刻刀工具可以沿直线或锯齿线拆分闭合的对象，CorelDRAW X4 允许用户将一个对象拆分为两个对象或将它保持为包含两条或多条路径的一个对象。运用刻刀工具拆分图形的具体操作步骤如下：

（1）选择工具箱中的刻刀工具，将鼠标指针移至需要切割图形的边缘处，单击鼠标左键，确定切割的起点，然后向右下角移动鼠标指针，如图 3-126 所示。

（2）移至图形另一侧的边缘，再次单击鼠标左键，即可切割图形，如图 3-127 所示。

（3）选择切割后的图形部分，将其向上方移动，效果如图 3-128 所示。

图 3-126　移动鼠标指针　　　　图 3-127　切割图形　　　　图 3-128　移动切割后的图形

3.4.5　使用橡皮擦工具

使用橡皮擦工具可以擦除位图和矢量对象不需要的部分。自动擦除后将自动闭合任何不受影响的路径，并同时将对象转换为曲线。运用橡皮擦工具擦除图形的具体操作步骤如下：

（1）运用挑选工具选择需要进行擦除的图形，选择工具箱中的橡皮擦工具，在图形左侧的边缘处按住鼠标左键并水平向右拖曳，如图 3-129 所示。

（2）至合适位置后释放鼠标左键，鼠标指针经过处的图形即被擦除，如图 3-130 所示。

图 3-129　拖曳鼠标　　　　　　　　　　　图 3-130　擦除图形

3.4.6　使用虚拟段删除工具

运用虚拟段删除工具可以删除图形中一些无用的线条，这些图形包括曲线以及使用绘图工具绘制的矩形和椭圆等，还可以删除整个对象或对象中的一部分。

1．删除整个图形

当使用虚拟段删除工具删除对象时，既不需要使用菜单命令，也不需要按【Delete】键，只需使用该工具单击要删除的对象即可。

选取工具箱中的虚拟段删除工具，当鼠标指针呈 形状时，在要删除的图形上单击鼠标左键，即可将图形删除。图 3-131 所示即为使用虚拟段删除工具删除整个菱形后的效果。

图 3-131　删除菱形

2. 删除部分线段

当若干个矢量图形交叉在一起时，可以使用虚拟段删除工具将其中的任意一条线段删除。从一定意义上讲，虚拟段删除工具既具有造型的功能，又具有清理页面的功能。

选取工具箱中的虚拟段删除工具，当鼠标指针呈 形状时，使用鼠标单击要删除的线条，即可删除该线条。图 3-132 所示即为使用虚拟段删除工具删除相交线段后的效果。

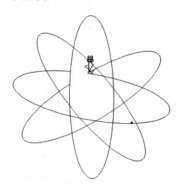

图 3-132　删除部分线段

3. 删除部分图形

使用虚拟段删除工具，可以精确地删除图形的某些部分。选取工具箱中的虚拟段删除工具，当鼠标指针呈 形状时，将鼠标指针移到要删除的图形位置，单击鼠标左键即可删除该位置的线条，此时图形为开放式的线条，内部填充会自动消失，如图 3-133 所示。

图 3-133　删除部分图形

习题与上机操作

一、填空题

1. 手绘工具组中用于绘制线条的工具包括＿＿＿＿＿、贝塞尔工具、艺术笔工具、钢笔工具、折线工具、＿＿＿＿＿以及连接器工具。

2. 用户在绘制矩形的过程中，若同时按住＿＿＿＿＿键，则绘制的图形是正方形；若同时按住＿＿＿＿＿键，则绘制的图形是以起始点为中心的矩形；若同时按住【Ctrl＋Shift】组合键，则绘制的图形是以起始点为中心的正方形。

二、思考题

1．简述运用钢笔工具绘制曲线的方法。
2．简述运用贝塞尔工具绘制曲线的方法。
3．简述运用多边形工具绘制多边形、星形和复杂星形的方法。
4．简述运用涂抹笔刷和粗糙笔刷工具编辑几何图形的方法。

三、上机操作

练习使用绘图工具绘制"星城·世家"的企业标识，效果如图 3-134 所示。步骤提示：

图 3-134　绘制标识

（1）选取工具箱中的形状工具绘制标识的主体，填充颜色为红色（CMYK 参考值分别为 0、100、100、0）。

（2）使用星形工具绘制星形，填充颜色为红色（CMYK 参考值分别为 0、100、100、0）。

（3）选取工具箱中的文本工具创建美术字，在其属性栏中设置字体为"方正综艺简体"、字号大小为 72，在调色板中设置填充颜色为黑色（CMYK 参考值分别为 0、0、0、100）。

第4章 对象的基本编辑

通过本章的学习，读者应掌握编辑对象的基本方法，包括选择对象、变换对象、复制与删除对象、插入对象、创建和管理符号等操作。

- 选择对象
- 变换对象
- 复制与删除对象
- 插入对象
- 创建和管理符号

4.1 选择对象

CorelDRAW X4 是一款功能强大的图形处理软件，它提供了大量的工具与命令用于编辑图形对象。在对图形对象进行编辑前，首先要做的就是选择对象。选择对象时，可以选择单一对象，还可以同时选择多个对象。

4.1.1 选择单一对象

选取工具箱中的挑选工具，在绘图页面中的对象上单击鼠标左键，即可选择该对象，如图 4-1 所示。从图中可以看到，图形对象被选中后，其周围会出现控制框，控制框的四周有 8 个控制点，对象的中心有一个"×"形状的中心标记。

图 4-1 选择单一对象

4.1.2　选择多个对象

若需要对多个对象同时进行编辑，可通过单击或框选的方式同时选取多个对象。

1. 通过单击选取多个对象

通过单击选取多个对象，必须在选取一个图形对象后，按住【Shift】键的同时，再单击其他图形对象，其具体操作步骤如下：

（1）运用挑选工具选取一个图形对象，如图 4-2 所示。

（2）按住【Shift】键的同时，在其他需要选择的图形对象上依次单击鼠标左键，即可选取多个对象，如图 4-3 所示。

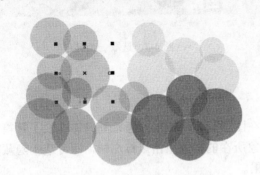
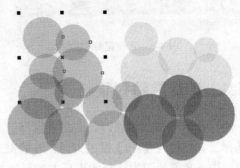

图 4-2　选取一个图形对象　　　　　图 4-3　选取多个图形对象

2. 通过框选选取多个对象

运用工具箱中的挑选工具，在绘图页面中需要选择的图形对象旁边按住鼠标左键并拖曳，即可框选多个对象，其具体操作步骤如下：

（1）选择工具箱中的挑选工具，将鼠标指针移至绘图页面的合适位置，按住鼠标左键并向右下角拖曳，如图 4-4 所示。

（2）至合适的位置后释放鼠标左键，即可选取多个对象，如图 4-5 所示。

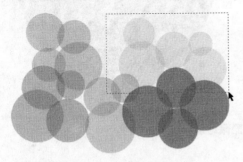
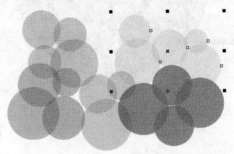

图 4-4　拖曳鼠标　　　　　　　　图 4-5　选取多个对象

4.1.3　从群组中选择对象

在操作过程中，直接运用挑选工具单击群组对象（群组对象是将多个不同的图形对象组合在一起），选择的是整个群组对象，而如果需要选择群组中的某个对象，则需要按照如下方法进行操作：

（1）打开一个包含群组对象的图形文件，选择工具箱中的挑选工具，将鼠标指针移至绘图页面的相框图形上，如图 4-6 所示。

（2）按住【Ctrl】键的同时单击鼠标左键，选取群组中的一个对象，如图 4-7 所示。

图 4-6　定位鼠标指针　　　　　　　　图 4-7　选取一个对象

4.1.4　选择隐藏对象

用户在进行图形编辑时，若需要选择隐藏在图形后方的图形对象，则只需选取工具箱中的选择工具，按住【Alt】键的同时，在隐藏对象所在的位置单击鼠标左键，即可选中隐藏的对象，图 4-8 所示即为选择图形后方的椭圆效果。

图 4-8　选取隐藏对象

4.1.5　全选对象

若要选择绘图页面中所有的对象，有以下 4 种方法：

● 鼠标单击：选取工具箱中的选择工具，在绘图页面中的一个图形上单击鼠标左键，然后在按住【Shift】键的同时依次单击其他对象，即可全选对象，如图 4-9 所示。

● 鼠标框选：选取工具箱中的选择工具，在绘图页面中按住鼠标左键并拖动鼠标，此时出现一个虚线框，框选所有的对象后释放鼠标左键，即可选中全部对象，如图 4-10 所示。

● 菜单命令：单击"编辑"|"全选"命令，即可选中全部对象。

● 快捷键：按【Ctrl＋A】组合键，即可选中全部对象。

图 4-9　选定全部对象

图 4-10　框选全部对象

4.1.6　使用泊坞窗选择对象

运用"对象管理器"泊坞窗可以管理和控制绘图页面中的对象、群组图形和图层，在该泊坞窗中列出了绘图窗口所有的绘图页面、绘图页面中的所有图层和图层中所有群组和对象的信息。运用泊坞窗选取对象的具体操作步骤如下：

（1）单击"窗口"|"泊坞窗"|"对象管理器"命令，打开"对象管理器"泊坞窗，在该窗口的列表框中展开"图层 1"相应的结构树，选择"12 对象群组 在 图层 1 上"图层，如图 4-11 所示。

（2）即可在绘图页面中选择相对应的图形对象，如图 4-12 所示。

图 4-11 "对象管理器"泊坞窗

图 4-12 选择图形对象

 专家指点

> 选择了一个对象后，按住【Shift】键的同时单击另一个对象的结构树目录，可以同时选择这两个对象以及两个对象之间的所有对象；按住【Ctrl】键的同时单击其他对象的结构树目录，则可同时选择所单击的多个对象。

4.2　变换对象

在 CorelDRAW X4 中，对象是指在页面中创建或插入的任何项目。例如，一个矩形或椭圆图形都可称为对象，多个图形组合在一起也可以称为对象。掌握变换对象的基本操作方法，对用户以后的创作有很大的帮助，下面将主要介绍对象的移动、旋转、缩放、镜像、倾斜等操作。

4.2.1　移动对象

在设计平面作品时，无论是绘制的图形、输入的文本，还是导入的位图，几乎都需要调整位置。下面介绍使用鼠标、属性栏、方向键和"变换"泊坞窗调整对象位置的方法。

1. 使用挑选工具移动对象

使用挑选工具移动对象是最常用的方法，且操作起来最为简单、方便，其具体操作步骤如下：

（1）选择工具箱中的挑选工具，然后选择需要移动的图形对象，按住鼠标左键并向右拖曳，如图 4-13 所示。

（2）至合适位置后释放鼠标左键，即可移动图形对象，如图 4-13 所示。

 专家指点

> 在按住鼠标左键移动对象的同时按住【Ctrl】键，可使对象沿垂直或水平方向移动。

图 4-13　拖曳图形对象

图 4-14　移动图形对象（一）

2. 使用属性栏移动对象

通过设置属性栏中的参数来移动对象，能使对象精确地移动到某一位置，其具体操作步骤如下：

（1）选择绘图页面中需要移动的图形对象，然后在属性栏的 X 和 Y 数值框中分别输入 195、72，如图 4-15 所示。

（2）按【Enter】键即可移动图形对象，如图 4-16 所示。

图 4-15　输入坐标值

图 4-16　移动图形对象（二）

3. 使用方向键移动对象

使用鼠标拖动的方法移动对象比较方便，但若要在水平方向或垂直方向上将对象移动一段很小的距离，就比较困难了。此时（选中对象后）可以通过按键盘上的【↑】、【↓】、【←】和【→】方向键来微调对象的移动距离。图 4-17 所示即为使用方向键移动文字（数字 1）并设置颜色后的效果。

图 4-17　使用方向键移动文字

4. 使用"变换"泊坞窗移动对象

使用"变换"泊坞窗同样可以精确地定位图形对象，其具体操作步骤如下：

（1）使用挑选工具在绘图页面中选择要变换的对象（这里为卡漫人物），单击"排列"|"变换"|"位置"命令，弹出"变换"泊坞窗，如图 4-18 所示。

（2）在该泊坞窗中的"位置"选项区中有"水平"和"垂直"两个数值框，用于确定中心点的水平坐标和垂直坐标，从中输入相应的数值，单击"应用"按钮即可改变对象的位置，如图 4-19 所示。

图 4-18　"变换"泊坞窗　　　　　图 4-19　改变对象位置

4.2.2　旋转对象

在 CorelDRAW X4 中，用户不仅可以围绕对象的中心旋转对象，还可以以指定的位置为中心进行旋转对象的操作，同时还可以用参数控制的方式精确旋转对象。旋转对象的方法有以下 3 种：使用鼠标拖曳旋转控制柄、设置工具属性栏中的参数以及使用"变换"泊坞窗。

1. 使用鼠标旋转对象

选取工具箱中的挑选工具，在绘图页面中双击要旋转的对象，这时对象四周出现旋转控制柄和倾斜控制柄，同时对象中心出现旋转中心控制柄⊙，将鼠标指针移至旋转控制柄上，此时鼠标指针呈↻形状，按住鼠标左键并拖动鼠标，出现旋转对象的轮廓（如图 4-20 所示），释放鼠标左键，即可完成旋转对象的操作。图 4-21 所示即为复制并旋转对象及设置颜色后的效果。

 专家指点

> CorelDRAW X4 默认的旋转中心是对象的中心点，用户可以根据需要随时改变旋转中心点的位置。在旋转中心控制点上按住鼠标左键并拖动鼠标，至合适的位置后释放鼠标左键即可改变中心控制点的位置。

图 4-20 旋转对象过程

图 4-21 使用鼠标旋转对象

2. 使用工具属性栏旋转对象

使用挑选工具在绘图页面中选择要旋转的对象，在其工具属性栏的"旋转角度"文本框中输入相应的数值（如图 4-22 所示），按【Enter】键即可按所设置的角度旋转对象。

图 4-22 使用工具属性栏旋转对象

3. 使用"变换"泊坞窗旋转对象

使用"变换"泊坞窗，不但可以指定旋转角度，而且还可以将旋转中心移至特定的标尺点上，或者是与对象当前位置相对应的点上，其具体操作步骤如下：

（1）使用挑选工具在绘图页面中选择要旋转的红色花瓣对象，单击"排列"|"变换"|"旋转"命令，弹出"变换"泊坞窗。

（2）取消选择"相对中心"复选框，在"角度"数值框中输入旋转角度，在"中心"选项区的"水平"和"垂直"两个数值框中分别设置旋转中心的水平坐标和垂直坐标，如图

4-32 所示。

（3）单击"应用到再制"按钮，复制并旋转对象，而原对象位置不变。图 4-23 所示即为复制并旋转对象及设置颜色后的效果。

图 4-23　使用泊坞窗旋转对象

4.2.3　缩放对象

在 CorelDRAW X4 中，任何设计对象都可以被缩放。用户可以利用控制柄、属性栏和"变换"泊坞窗来完成对象的缩放操作。

1.　拖曳控制柄缩放对象

选取工具箱中的挑选工具，在绘图页面中选择对象，将鼠标指针放置在对象 4 个角的任意控制柄上，当鼠标指针呈↘或↗形状时，按住鼠标左键并拖动鼠标，可以等比例缩放对象；将鼠标指针放在对象 4 条边中间的控制点上，当鼠标指针呈↔或↕形状时，按住鼠标左键并拖动鼠标，可以调整对象的宽度和高度。图 4-24 所示即为拖曳控制柄缩放对象的效果。

　原图像　　　　　等比例放大图像　　　　调整图像宽度　　　　调整图像高度

图 4-24　缩放对象

 专家指点

　　在缩放对象的同时，按住【Shift】键并拖曳四周的任意控制柄，可从对象中心调整所选对象的大小；按住【Alt】键并拖曳四周的任意控制柄，可在调整对象大小时按固定点缩放对象。

2．使用属性栏缩放对象

用户在绘制规定尺寸的图形或精确调整对象的宽度和高度时，可以通过工具属性栏来设置对象的大小。

使用挑选工具选择绘图页面中的资料袋图形对象，在其工具属性栏的"对象大小"数值框 116.041 mm / 121.299 mm 中输入相应的数值，即可改变对象的大小，如图 4-25 所示。

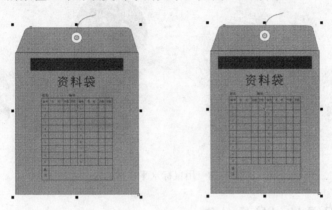

图 4-25 调整对象大小

3．使用"变形"泊坞窗缩放对象

用户可以通过在"变形"泊坞窗中指定百分比来缩小或放大对象，既可以只缩放对象的宽度或高度，也可以按一个百分比同时缩放对象的宽度和高度。通过"变形"泊坞窗缩放对象的具体操作步骤如下：

（1）选择需要进行缩放的图形对象，单击"窗口"|"泊坞窗"|"变换"|"比例"命令，打开"变换"泊坞窗，在"水平"和"垂直"数值框中分别输入 70、90，如图 4-26 所示。

（2）单击"应用"按钮即可按所指定的百分比缩放图形对象，如图 4-27 所示。

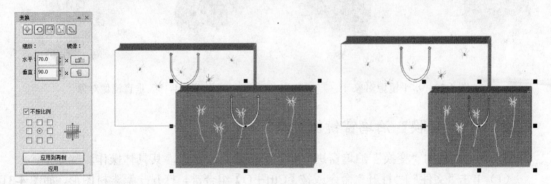

图 4-26 "变换"泊坞窗   图 4-27 按所指定的百分比缩放图形对象

4.2.4 镜像对象

镜像对象就是将图形对象从左到右或从上到下进行翻转的操作。默认情况下，镜像锚点位于对象中心位置，也可以选择对象的其他位置作为镜像锚点。

1. 使用鼠标镜像对象

选取工具箱中的挑选工具，在绘图页面中选择卡通人物对象后，按住【Ctrl】键的同时将一侧中间的控制柄拖曳至对象的另一侧，即可镜像所选对象，如图 4-28 所示。

图 4-28　用鼠标水平镜像对象

2. 使用工具属性栏镜像对象

使用选择工具选择绘图页面中要进行镜像操作的对象（这里为一个卡通人物），在其工具属性栏中单击"水平镜像"按钮，即可完成水平镜像对象的操作（如图 4-29 所示）；单击"垂直镜像"按钮，即可完成垂直镜像对象的操作，如图 4-30 所示。

图 4-29　水平镜像对象　　　　　　　　　　图 4-30　垂直镜像对象

3. 使用"变换"泊坞窗镜像对象

用户也可以使用"变换"泊坞窗进行精确的镜像对象操作，其具体操作步骤如下：

（1）单击"文件"|"打开"命令或按【Ctrl＋O】组合键，打开一幅素材图形，如图 4-31 所示。

（2）确定打开的素材图像为选中状态，单击"窗口"|"泊坞窗"|"变换"|"比例"命令，弹出"变换"泊坞窗，单击"比例与镜像"按钮，设置"比例"选项区中的"水平"和"垂直"数值均为 100，单击"水平镜像"按钮，并确定镜像的基点位置，如图 4-32 所示。

（3）单击"应用到再制"按钮，复制并镜像图形，效果如图 4-33 所示。

图 4-31　打开的素材图形　图 4-32　"变换"泊坞窗　　　　图 4-33　图形效果

4.2.5　倾斜对象

拖曳对象的倾斜控制柄是倾斜图形对象最容易的方法，用户也可在"变换"泊坞窗和属性栏中精确设置对象的倾斜角度。

1. 拖曳倾斜控制柄倾斜对象

选取工具箱中的挑选工具，双击绘图页面中的对象，图形对象进入旋转状态后，将鼠标指针移至图形四周的倾斜控制柄上，当鼠标指针呈⇌或↕形状时，按住鼠标左键并拖动鼠标，即可使对象发生倾斜变换。图 4-34 所示即为使用鼠标拖动倾斜变换对象后的效果。

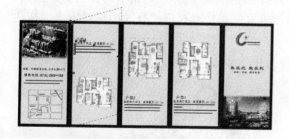
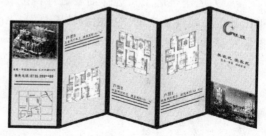

图 4-34　使用鼠标倾斜对象

2. 使用"变换"泊坞窗倾斜对象

选取工具箱中的挑选工具，在绘图页面中选择对象，单击"排列"|"变换"|"倾斜"命令，弹出"变换"泊坞窗，如图 4-35 所示。

在该泊坞窗"倾斜"选项区的"水平"和"垂直"数值框中输入相应的数值，再单击"应用"按钮，图形对象将倾斜变形。图 4-36 所示即为使用泊坞窗倾斜对象并进行编辑后的效果。

专家指点

在"变换"泊坞窗中，若选中"使用锚点"复选框，并选中其下方相应的复选框，也就相当于以选择对象的一个锚点为基准变换对象，单击"应用"按钮即可变换对象。

图 4-35 "变换"泊坞窗

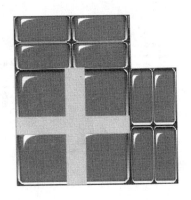

图 4-36 使用"变换"泊坞窗倾斜对象

4.2.6 自由变换对象

利用自由变换工具 可以对对象进行自由变换,其工具属性栏中包含 4 个工具按钮,分别为自由旋转工具 、自由角度镜像工具 、自由调节工具 和自由扭曲工具 ,单击相应的工具按钮,可以对对象进行旋转、镜像、调节和扭曲操作。

1. 自由旋转

运用自由旋转工具可以自由地控制图形对象的中心位置,并进行旋转操作,其具体操作步骤如下:

(1)运用挑选工具选择需要进行自由旋转的图形对象,选择工具箱中的自由变换工具,单击其工具属性栏中的"自由旋转工具"按钮,将鼠标指针移至已选择的图形对象上,按住鼠标左键并向右上角拖曳,如图 4-37 所示。

(2)至合适的位置后释放鼠标左键,即可自由旋转图形对象,如图 4-38 所示。

图 4-37 拖曳鼠标(一)   图 4-38 自由旋转图形

2. 自由角度镜像

自由角度镜像工具与自由旋转工具都可以对图形对象进行旋转操作,不同的是自由角度镜像工具是以一条镜像线为基准线对图形对象进行旋转操作的。进行自由角度镜像的具体操作步骤如下:

（1）选择绘图页面中需要进行自由角度镜像的图形，然后选择工具箱中的自由变换工具，单击其工具属性栏中的"自由角度镜像工具"按钮，将鼠标指针移至已选择图形的合适位置，按住鼠标左键并向右拖曳，如图 4-39 所示。

（2）至合适的位置后释放鼠标左键，即可完成自由角度镜像操作，如图 4-40 所示。

图 4-39 拖曳鼠标（一）　　　　　　　　　　图 4-40 自由角度镜像图形

3. 自由调节

运用自由调节工具可以对图形对象进行任意的缩放操作，使图形对象呈现出不同的放大或缩小效果。进行自由调节操作的具体操作步骤如下：

（1）选择需要进行自由调节的文字图形，然后选择工具箱中的自由变换工具，单击其工具属性栏中的"自由调节工具"按钮，将鼠标指针移至文字图形的合适位置，按住鼠标左键并拖曳，如图 4-41 所示。

（2）至合适的位置后释放鼠标左键，即可完成自由调节的操作，然后将文本图形移至适当的位置，如图 4-42 所示。

图 4-41 拖曳鼠标（三）　　　　　　　　　　图 4-42 自由调节图形

4. 自由扭曲

运用自由扭曲工具可以对图形对象进行任意的扭曲操作，使图形对象呈现不同的扭曲效果。进行自由扭曲操作的具体步骤如下：

（1）选择需要进行自由扭曲的图形对象，然后选择工具箱中的变换工具，单击其工具属性栏中的"自由扭曲工具"按钮，将鼠标指针移至已选择图形的合适位置，按住鼠标左键并拖曳，如图 4-43 所示。

（2）至合适的位置后释放鼠标左键，即可自由扭曲图形，如图 4-44 所示。

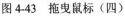

图 4-43　拖曳鼠标（四）　　　　　　　　　　　图 4-44　自由扭曲图形

4.3　复制与删除对象

使用复制命令可以将选中的文件放置到剪贴板上，并且可以随时粘贴剪贴板中的内容。CorelDRAW 提供了多种复制对象的方法，下面分别进行介绍。

4.3.1　复制对象

在绘制图形的过程中，有时需要绘制多个相同或者类似的图形，此时无需重新绘制，通过复制和再制等命令来复制原对象即可。

1．使用菜单命令复制对象

若用户需要在原位置上复制对象（不改变复制对象的位置），可以使用菜单命令，其具体操作步骤如下：

（1）使用选择工具在绘图页面中选择要复制的对象（这里以草莓为例），单击"编辑"|"复制"命令，复制对象。

（2）单击"编辑"|"粘贴"命令，即可完成复制对象的操作。图 4-45 所示即为复制、旋转并移动对象位置后的效果。

图 4-45　用菜单命令复制对象

选取工具箱中的挑选工具，在绘图页面中选择要复制的对象，按【Ctrl＋C】组合键复制对象，再按【Ctrl＋V】组合键粘贴对象，即可完成复制操作。

2. 使用鼠标拖动复制对象

使用挑选工具在绘图页面中选择要复制的对象（这里以打火机为例），将鼠标指针移至对象的中心标志上，当鼠标指针呈 ✥ 形状时，按住鼠标左键并拖动鼠标，在绘图页面的适当位置单击鼠标右键，此时鼠标指针变成 ▶ 形状，这时释放鼠标左键即可复制对象。图 4-46 所示即为使用鼠标拖动复制对象并设置颜色后的效果。

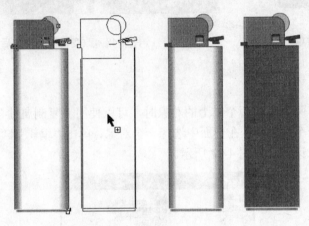

图 4-46　使用鼠标拖动复制对象

在使用鼠标拖动的方法复制对象的过程中，若同时按住【Ctrl】键，可使对象垂直或水平移动；若在要复制的对象上按住鼠标右键并拖动鼠标，释放鼠标右键时将弹出一个快捷菜单，在该快捷菜单中选择"复制"选项，也可复制对象。

3. 再制对象

再制是一项特殊的复制，与复制不同的是，"复制"是将对象先放在剪贴板中，然后再通过粘贴功能得到复制的对象，而"再制"功能是直接得到复制对象，不经过剪贴板。再制对象的具体操作步骤如下：

（1）使用挑选工具在绘图页面中选择要再制的对象。

（2）单击"编辑"|"再制"命令即可再制所选的图形对象。默认情况下，再制的对象位于原对象的右上方，不用移动对象即可看到再制的对象。图 4-47 所示即为再制对象前后的效果。

用户在进行再制操作之前，可在其工具属性栏的"再制距离"数值框 中输入相应的数值，然后再单击"编辑"|"再制"命令或按【Ctrl＋D】组合键，再制对象。图 4-48

所示即为设置"再制距离"参数前后再制对象的效果。

图 4-47　再制对象　　　　　　　　　　　图 4-48　改变再制距离前后的效果

4. 复制属性

当工作页面中有两个或者两个以上的对象时，可以使用"复制属性自"命令，将一个对象的属性复制到另一个对象上。在页面中选择一个对象，单击"编辑"|"复制属性自"命令，弹出"复制属性"对话框，如图 4-37 所示。

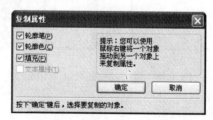

图 4-49　"复制属性"对话框

该对话框中各主要选项的含义如下：

- 轮廓笔：选中该复选框，可以复制对象的轮廓样式。
- 轮廓色：选中该复选框，可以复制对象的轮廓线颜色。
- 填充：选中该复选框，可以复制对象的填充颜色。
- 文本属性：该复选框针对的是文本对象，若所选对象是文本对象，则可以复制文本的所有属性。

4.3.2　删除对象

删除绘图页面中多余的对象，可以使用以下 3 种方法：

- 快捷键：选取工具箱中的挑选工具，在绘图页面中选择要删除的一个或多个对象后，按【Delete】键。
- 菜单命令：选择要删除的对象，单击"编辑"|"删除"命令。
- 快捷菜单：在选择的要删除的对象上单击鼠标右键，在弹出的快捷菜单中选择"删除"选项。

4.4　插入对象

在 CorelDRAW X4 中，用户可以在绘图页面中插入新对象，也可以插入条形码等。

4.4.1　插入新对象

单击"编辑"|"插入新对象"命令，弹出"插入新对象"对话框，如图 4-50 所示。在该对话框中选中"新建"单选按钮，并在"对象类型"列表框中选择需要插入的对象类型，单击"确定"按钮，即可在绘图页面中插入该类型的对象，如图 4-51 所示。

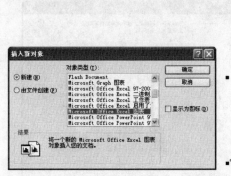

图 4-50　"插入新对象"对话框

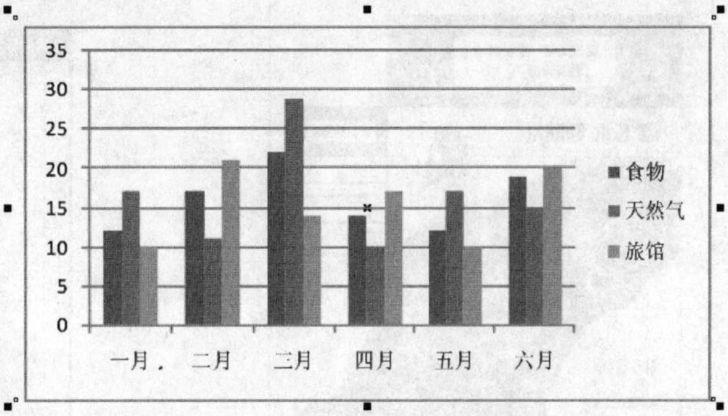

图 4-51　插入新对象

若在"插入新对象"对话框中选中"由文件创建"单选按钮，再单击"浏览"按钮，则弹出"浏览"对话框（如图 4-52 所示），在该对话框中选择一个文件，单击"打开"按钮，返回到"插入新对象"对话框，单击"确定"按钮，即可将选定的文件作为对象插入到绘图页面中，如图 4-53 所示。

图 4-52　"浏览"对话框

图 4-53　插入选定文件

4.4.2　插入条形码

条形码是运用光电扫描识读来实现数据自动输入计算机的特殊编码，也就是由一组规则矩形条及与其相对应的字符组成的标记。使用 CorelDRAW X4 中的条形码向导，可以生成稳定的、有行业标准规范格式的条形码。

（1）单击"文件"|"打开"命令，打开一个素材文件，如图 4-54 所示。

（2）单击"编辑"|"插入条形码"命令，弹出"条码向导"对话框，如图 4-55 所示。在该对话框的"从下列行业标准格式中选择一个："下拉列表框中选择一种行业标准格式，在"输入 12 个数字："文本框中输入相应的数值，在"样本预览"预览框中可以预览条形码样式。

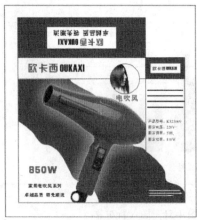

图 4-54　打开素材文件

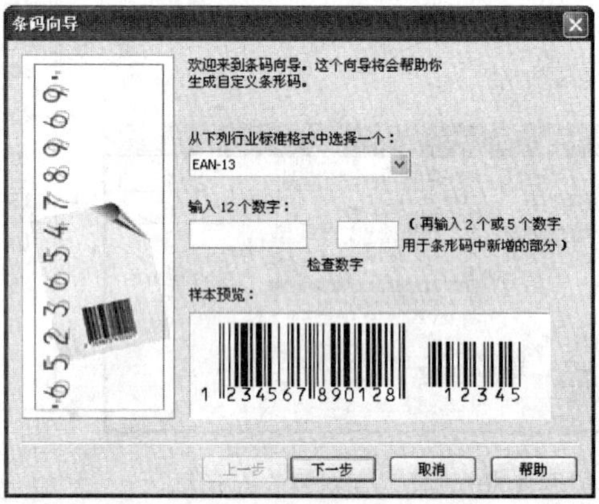

图 4-55　"条码向导"对话框

（3）单击"下一步"按钮，在弹出的对话框中设置"打印机分辨率"为 300、"条形码高度"为 1.0，如图 4-56 所示。

（4）单击"下一步"按钮，在弹出的对话框中单击"完成"按钮，即可在绘图页面中插入所设置的条形码。图 4-57 所示即为插入条形码并调整位置后的效果。

图 4-56　设置分辨率等参数

图 4-57　插入条形码

4.5　符号的创建和管理

在 CorelDRAW X4 中，用户可以将绘制好的图形创建为符号，并且可以保存在"符号管理器"泊坞窗中，在需要使用时将其直接调出即可。用户还可以通过"符号管理器"泊坞窗来方便地管理和编辑符号。

4.5.1　创建新符号

要创建新符号，只需在页面中绘制一个图形，然后单击"编辑"|"符号"|"符号管理器"命令，弹出"符号管理器"泊坞窗，选中绘制的图形对象，然后将其拖曳到"符号管理器"泊坞窗中即可创建新的符号，如图 4-58 所示。

图 4-58　"符号管理器"泊坞窗

该泊坞窗中各主要按钮的含义如下：
- "插入符号"按钮：单击该按钮，即可在页面中插入符号。
- "编辑符号"按钮：单击该按钮，即可在页面中编辑符号。
- "删除符号"按钮：单击该按钮，即可删除"符号管理器"泊坞窗和页面中的所有符号。

4.5.2　编辑符号

在"符号管理器"泊坞窗中，选中需要编辑的符号，单击泊坞窗底部的"编辑符号"按钮，或单击"编辑"|"符号"|"编辑符号"命令，即可在页面中编辑符号，使之成为新的符号。

4.5.3　应用新符号

要应用新建的符号，可以在"符号管理器"泊坞窗中选中符号，然后单击鼠标右键，在弹出的快捷菜单中选择"复制"选项，复制选择的符号，然后打开另一个文件，在"符号管理器"泊坞窗中单击鼠标右键，在弹出的快捷菜单中选择"粘贴"选项，即可将复制的符号粘贴至当前文件中。应用新符号制作路杆竖旗的操作步骤如下：

（1）单击"文件"|"打开"命令或按【Ctrl＋O】组合键，分别打开一幅素材图形和一幅标志图形，如图 4-59 和图 4-60 所示。

图 4-59　打开的素材图形　　　　　　图 4-60　打开的标志图形

（2）确定打开的标志图形为当前文件，单击"编辑"|"符号"|"符号管理器"命令，弹出"符号管理器"泊坞窗，如图 4-61 所示。

（3）将页面中的标志图形拖曳至"符号管理器"泊坞窗中，即可将其创建为符号，如图 4-62 所示。

图 4-61　"符号管理器"泊坞窗　　　　图 4-62　创建的符号

（4）在"符号管理器"泊坞窗中单击鼠标右键，在弹出的快捷菜单中选择"复制"选项，复制创建的符号。

（5）确定打开的素材图像为当前文件，在"符号管理器"泊坞窗中单击鼠标右键，在弹出的快捷菜单中选择"粘贴"选项，粘贴复制的符号，如图 4-63 所示。

（6）单击"符号管理器"泊坞窗底部的"插入符号"按钮，即可在页面中插入新的符号图形，并拖曳符号图形的控制点，可调整其大小，效果如图 4-64 所示。

图 4-63　粘贴符号　　　　　　　　图 4-64　应用符号

习题与上机操作

一、填空题

1．若需要选择隐藏在图形后方的图形对象，则只需在按住_____键的同时，单击隐藏的图形对象即可。

2．要复制对象，可先选择要复制的对象，然后按_____组合键复制对象，再按_____组合键粘贴对象。

3．自由变换工具的属性栏中包含 4 个工具按钮，分别为_____、自由角度镜像工具、自由调节工具和_____。

二、思考题

1．简述在 CorelDRAW X4 中选取多个对象的方法。

2．移动对象位置有哪几种方法？

3．复制对象有哪几种方法？

4．镜像对象有哪几种方法？

5．简述倾斜对象的方法。

三、上机操作

1．练习使用不同的方法选择对象。

2．练习使用再制命令绘制如图 4-65 所示的图形效果。

关键提示：

（1）使用贝塞尔工具绘制花叶。

（2）使用再制命令旋转并复制对象。

图 4-65　再制对象

3．练习在绘图页面中插入条形码。

第 5 章 颜色填充与轮廓编辑

本章学习目标

通过本章的学习，读者应了解 CorelDRAW 中常用的色彩模式，掌握颜色填充与轮廓编辑的方法，掌握单色填充、渐变填充和图样填充、底纹填充和交互式填充以及编辑轮廓属性等操作。

学习重点和难点

- 单色填充的方法
- 渐变填充的方法
- 图样填充的方法
- 底纹填充的方法
- 交互式填充的方法
- 设置轮廓线的颜色和宽度
- 复制与清除轮廓属性

5.1 色彩模式

CorelDRAW X4 提供了多种颜色模式，经常用到的有 CMYK 模式、RGB 模式、Lab 模式、HSB 模式以及灰度模式等。

单击"位图"|"模式"命令可以选择不同的模式，每种颜色模式都有不同的色域，用户可以根据需要选择合适的颜色模式，并且在各个模式之间相互转换。

5.1.1 RGB 模式

RGB 模式是使用最广泛的一种色彩模式，该模式为加色模式，同时也是色光的颜色模式，它通过红、绿、蓝 3 种色光相叠加而形成更多的颜色。RGB 模式的图像有 3 个颜色信息的通道，即红色（R）、绿色（G）和蓝色（B），每个通道都有 8 位颜色信息（0～255 的亮度值色域）。R、G、B 颜色的数值越大，颜色就越浅，如果 3 种颜色数值都为 255，则为黑色。

每一种颜色都有 256 个亮度级，3 种颜色相叠加，可以有 256×256×256 约 1 670 万种可能的颜色。这 1 670 万种颜色足以表现出这个绚丽多彩的世界。

单击工具箱中的填充工具按钮，在展开的工具组中单击均匀填充工具按钮，弹出"均匀填充"对话框，在"模型"下拉列表框中选择 RGB 颜色模式（如图 5-1 所示），在该对话框中可以设置 RGB 颜色参数值。

图 5-1 "均匀填充"对话框（一）

在编辑图像时，RGB 颜色模式是最佳的选择，因为它可以提供多达 24 位的颜色范围，RGB 颜色也被称为真彩色。

5.1.2　CMYK 模式

CMYK 模式应用了色彩学中的减法混合原理，它通过反射某些颜色的光并吸收另外一些颜色的光来产生不同的颜色，是一种减色色彩模式。CMYK 代表了印刷时用到的 4 种油墨色：C 代表青色，M 代表洋红，Y 代表黄色，K 代表黑色。CorelDRAW X4 默认状态下使用的就是 CMYK 模式。

CMYK 模式常用于印刷领域，这是因为在印刷时先要进行四色分色，出四色胶片，然后再进行印刷。

单击工具箱中的填充工具按钮，在展开的工具组中选择均匀填充工具，弹出"均匀填充"对话框，在"模型"下拉列表框中选择 CMYK 颜色模式（如图 5-2 所示），在该对话框中可以设置 CMYK 颜色参数值。

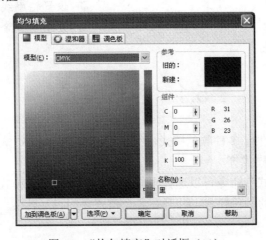

图 5-2　"均匀填充"对话框（二）

5.1.3　Lab 模式

Lab 模式是一种国际标准颜色模式，它由 3 个通道组成，一个是亮度，即 L；其他两个是颜色通道，即色相和饱和度，用 a 和 b 表示。a 通道包括的颜色从深绿色到灰色，再到亮粉红色；b 通道是从亮蓝色到灰色，再到焦黄色。这些颜色混合后将产生明亮的颜色。

单击工具箱中的填充工具按钮，在展开的工具组中选择均匀填充工具，弹出"均匀填充"对话框，在"模型"下拉列表框中选择 Lab 颜色模式（如图 5-3 所示），即可设置 Lab 颜色。

Lab 模式理论上包括了人的肉眼可以看见的所有颜色，它弥补了 CMYK 和 RGB 模式的不足。在这种模式下，图像的处理速度比在 CMYK 模式下快，与 RGB 模式的速度相仿，而且在将 Lab 模式转换成 CMYK 模式的过程中，所有的色彩都不会丢失或替换；将 RGB 模式转换成 CMYK 模式时，Lab 模式一直扮演着中介者的角色，也就是说，要先将 RGB 模式转换成 Lab 模式，然后再转换成 CMYK 模式。

图 5-3　"均匀填充"对话框（三）

5.1.4　HSB 模式

HSB 模式是一种更直观的色彩模式，它的调色方法更接近人的视觉原理，在调色过程中更容易找到需要的颜色。

H 代表色相，S 代表饱和度，B 代表亮度。色相是指纯色，即组成可见光谱的单色，红色为 0，绿色为 120，蓝色为 240。饱和度代表色彩的纯度，饱和度为 0 时即为灰色，黑、白、灰 3 种色彩没有饱和度。亮度是色彩的明度，最大亮度是色彩最鲜明的状态，黑色的亮度为 0。

单击工具箱中的填充工具按钮，在展开的工具组中选择均匀填充工具，弹出"均匀填充"对话框，在"模型"下拉列表框中选择 HSB 颜色模式（如图 5-4 所示），在该对话框中可以设置 HSB 颜色。

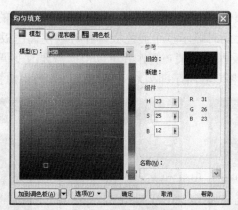

图 5-4　"均匀填充"对话框（四）

5.1.5　灰度模式

灰度模式中的灰度图又称 8 位深度图。灰度模式下的每个像素用 8 位二进制数表示，能表示 2^8 即 256 级灰色调。当一个彩色图像被转换为灰度模式图像时，会丢失图像中的所有颜色信息。尽管在 CorelDRAW 中可以将灰度模式转换为彩色模式，但不可能将原来的颜色完全还原，因此，当转换为灰度模式时，必须先将图像备份。

像黑白照片一样，一个灰度模式的图像只有明暗值，没有色相、饱和度这两种颜色信息。0%代表黑色，100%代表白色，其 K 值是用于衡量黑色油墨用量的。

要将彩色模式转换为双色调模式，必须先将其转换为灰度模式，然后由灰度模式转换为双色调模式，在制作黑白印刷品时经常要用到灰度模式。

单击工具箱中的填充工具按钮，在展开的工具组中选择均匀填充工具，弹出"均匀填充"对话框，在"模型"下拉列表框中选择"灰度"颜色模式（如图 5-5 所示），在该对话框中可以设置灰度颜色。

图 5-5　"均匀填充"对话框（五）

5.2　使用调色板

调色板是一组颜色的集合，使用调色板是为图形对象填充颜色的快速途径。在 CorelDRAW X4 中，可以在绘图页面上同时显示多个调色板，并可以使调色板作为独立的窗口浮动在绘图页面上方，也可将调色板固定在某一侧，并可以根据需要改变调色板的大小。根据需要，用户还可以自定义调色板。图 5-6 所示即为 CorelDRAW X4 为用户提供的几种常用的调色板。

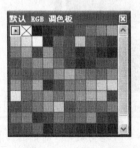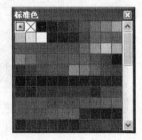

图 5-6　常用调色板

5.2.1　打开调色板

启动 CorelDRAW X4 应用程序后，默认打开的调色板是"默认 CMYK 调色板"，用户也可以通过相应的操作打开其他的调色板，其方法有以下 3 种：

- 菜单命令：单击"窗口"|"调色板"命令，弹出"调色板"子菜单，从中选择要显

示的调色板选项（如图 5-7 所示），即可将其打开。

● 调色板对话框：单击“窗口”|“调色板”|“打开调色板”命令，弹出“打开调色板”对话框，如图 5-8 所示。在该对话框的“查找范围”下拉列表框中选择保存调色板的文件夹，然后在中间的列表中双击要打开的调色板文件，或者选择调色板文件，单击“打开”按钮，即可打开所选的调色板。

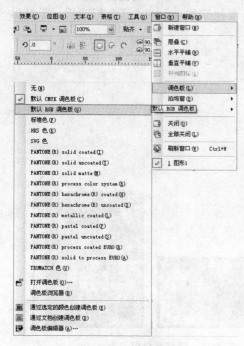

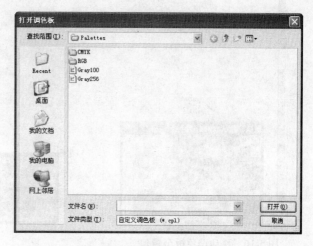

图 5-7　选择调色板　　　　　　　　图 5-8　“打开调色板”对话框

● 调色板浏览器：单击“窗口”|“调色板”|“调色板浏览器”命令，弹出“调色板浏览器”泊坞窗（如图 5-9 所示），在其中选中要打开的调色板名称前的复选框，也可以打开该调色板。

图 5-9　“调色板浏览器”泊坞窗

5.2.2　移动调色板

CorelDRAW X4 中的调色板默认处于打开状态，其位置一般在工作界面的右侧，用户也可以移动调色板至绘图窗口中。

在绘图窗口右侧调色板上方的 图标上按住鼠标左键并拖动鼠标，到绘图窗口中释放鼠标左键，此时的调色板为浮动窗口状态，如图 5-10 所示。

在调色板上方的蓝色标题栏上按住鼠标左键，可以随意拖动调色板至绘图窗口的任意位置。将鼠标指针移至调色板四周的边框上，当鼠标指针呈↔或↕形状时，按住鼠标左键并拖动鼠标，即可改变调色板的大小，如图 5-11 所示。若要撤销移动，双击蓝色标题栏，即可将调色板还原至绘图窗口的右侧。

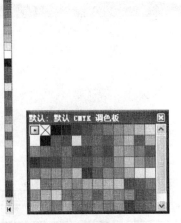

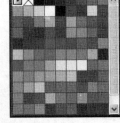

图 5-10　移动调色板至窗口　　　　　　图 5-11　调整调色板的大小

5.2.3　自定义调色板

在 CorelDRAW X4 中，可以根据需要自定义调色板。自定义调色板中可包含特殊颜色或者由任何模型产生的颜色。当经常使用某些颜色或者需要一整套看起来比较和谐的颜色时，可以将这些颜色放在自定义调色板中，并将自定义调色板保存为以 cpl 为扩展名的文件。

1.　通过选定的颜色创建调色板

使用"通过选定的颜色创建调色板"命令，创建的调色板将包含所选对象的所有填充颜色，如标准填充对象的颜色、轮廓色，渐变填充对象的轮廓色、起始颜色和结束颜色以及图案填充的轮廓色、前景色和背景色等，其具体操作步骤如下：

（1）先选择对象（可以是一个或多个对象），然后单击"窗口"|"调色板"|"通过选定的颜色创建调色板"命令，弹出"保存调色板为"对话框，如图 5-12 所示。

（2）在该对话框的"保存在"下拉列表框中选择保存调色板的位置，在"文件名"下拉列表框中输入调色板文件的名称，单击"保存"按钮，即可将所选对象的填充颜色创建成新的调色板。

图 5-12　"保存调色板为"对话框

2. 通过文档创建调色板

在 CorelDRAW X4 中，用户还可以利用当前的绘图文件创建调色板，使用该方法创建的调色板将包含绘图文件中所有对象的轮廓色、填充色、渐变色以及双色图案等颜色类型。

若要以当前的绘图文件为对象创建调色板，可单击"窗口"|"调色板"|"通过文档创建调色板"命令，弹出"保存调色板为"对话框，在该对话框中确定调色板文件保存的位置和文件名，单击"保存"按钮，即可利用当前的绘图文件创建新的调色板。

3. 通过调色板编辑器创建调色板

对于已经定义的调色板，可以重新编辑、添加和删除其中的颜色以及为调色板中的颜色排序。单击"窗口"|"调色板"|"调色板编辑器"命令，弹出"调色板编辑器"对话框，如图 5-13 所示。

图 5-13　"调色板编辑器"对话框

在该对话框中，可进行以下 9 种操作：

● 单击"新建调色板"按钮，将弹出"新建调色板"对话框，如图 5-14 所示。使用该对话框，可以新建一个空白调色板。

- 单击"打开调色板"按钮，将弹出"打开调色板"对话框，如图 5-15 所示。在该对话框中用户可以选择一种所需的调色板，然后单击"打开"按钮将其打开。
- 单击"保存调色板"按钮，可保存经过编辑后的调色板。
- 单击"另存为调色板"按钮，将弹出"保存调色板为"对话框，如图 5-16 所示。在该对话框中，用户可以将当前设置的色彩模式调色板保存到另一个文件夹或文件中。
- 选择调色板中的一种颜色，单击"编辑颜色"按钮，将弹出"选择颜色"对话框（如图 5-17 所示），在该对话框中可以更改该颜色的参考值。
- 单击"添加颜色"按钮，弹出"选择颜色"对话框，利用该对话框可以为当前调色板添加新的颜色。
- 选择颜色列表框中不需要的颜色，单击"删除颜色"按钮，可以将该颜色色样删除。

图 5-14 "新建调色板"对话框

图 5-15 "打开调色板"对话框

图 5-16 "保存调色板为"对话框

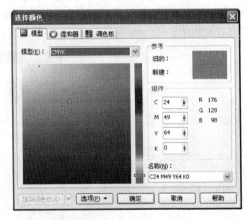

图 5-17 "选择颜色"对话框

专家指点

在调色板编辑器中选择颜色时，若按住【Shift】键的同时单击不连续的两个颜色色块，可以同时选择两种颜色及其之间连续的多种颜色；若按住【Ctrl】键的同时，依次单击颜色色块，可以选择不连续的多种颜色。

● 单击"将颜色排序"下拉按钮，可按照该下拉菜单中提供的反转、色度、亮度、饱和度、RGB 值、HSB 值和名称等 7 种排序方式，重新排列颜色列表中的颜色色样。

● 单击"重置调色板"按钮，可将调色板恢复至初始状态，取消用户当前对调色板所进行的任何设置。

4. 设置调色板

在使用调色板时，用户可根据需要对调色板的参数进行设置，改变调色板的属性。

（1）单击"工具"|"自定义"命令，弹出"选项"对话框，在该对话框的左窗格中选择"工作区"|"自定义"|"调色板"选项，如图 5-18 所示。

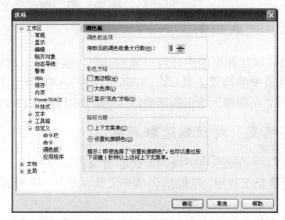

图 5-18　选择"调色板"选项

（2）在"停放后的调色板最大行数"数值框中输入数值，可以设置固定在 CorelDRAW X4 窗口中调色板的最大行数。

（3）选中"宽边框"复选框，可以使调色板中的色样边界变宽；选中"大色样"复选框，可以在调色板中以大方块显示色样；选中"显示'无色'方格"复选框，可以在调色板中显示无色方格。

（4）在"鼠标右键"选项区中选中"上下文菜单"单选按钮，可以设置在调色板中单击鼠标右键，并弹出快捷菜单；选中"设置轮廓颜色"单选按钮，可以设置在调色板中的色样上单击鼠标右键，并为所选的对象设置轮廓色，或者使用默认的轮廓色。

（5）单击"确定"按钮，即可改变调色板属性，如图 5-19 所示。

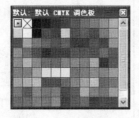 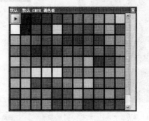

图 5-19　更改调色板属性

5. 关闭调色板

在设计图形的过程中，有时需要留出更多的绘图页面空间进行其他操作，此时可以关闭调色板。关闭调色板有以下 3 种方法：

- 菜单命令：单击"窗口"|"调色板"|"无"命令。
- 关闭按钮：单击调色板上方的"关闭"按钮▨。
- 快捷菜单：在调色板的蓝色标题栏上单击鼠标右键，在弹出的快捷菜单中选择"隐藏"选项。

5.2.4　选取颜色

用户在对图形对象进行颜色填充时，首先需要选取颜色。在 CorelDRAW X4 中，可以使用调色板、滴管工具、"均匀填充"对话框以及"颜色"泊坞窗来选取颜色。

1. 使用滴管工具选取颜色

使用滴管工具可以吸取绘图页面中任何对象的颜色，还可以采集多个点的混合色。具体操作方法为：选取工具箱中的滴管工具▨，在其属性栏左侧的下拉列表框中选择"示例颜色"或"对象属性"选项，在图像上单击所需要的颜色，即可将所吸取的颜色设置为填充颜色。

2. 使用"均匀填充"对话框选取颜色

用户在"均匀填充"对话框中也可以为所选的对象设置填充色。使用选择工具选择要设置填充色的对象，展开填充工具组，选取均匀填充工具，弹出"均匀填充"对话框，如图 5-20 所示。

在该对话框的"模型"下拉列表框中选取颜色模型，通过调整色块上的滑块确定颜色的范围，在颜色选择框中单击或者拖曳小方框确定所选的颜色，在"组件"选项区中通过设置颜色的参数来改变颜色。

3. 使用"颜色"泊坞窗选取颜色

"颜色"泊坞窗是一种填充工具，在对图形对象的填充中起着辅助作用，使用起来也比较方便。单击"窗口"|"泊坞窗"|"颜色"命令，将弹出"颜色"泊坞窗，如图 5-21 所示。

图 5-20　"均匀填充"对话框（六）

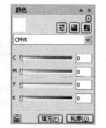

图 5-21　"颜色"泊坞窗

在该泊坞窗中有 3 个按钮："显示颜色滑块"按钮、"显示颜色查看器"按钮和"显示调色板"按钮。分别单击这 3 个按钮，在泊坞窗口中可以设置颜色的属性。

5.3　单色填充

单色填充是一种标准填充方式，是 CorelDRAW X4 中最基本的填充方式。填充对象必须是具有闭合路径性质的对象，若需要对一个具有开放性路径的对象进行填充，就必须先将路径闭合，然后再进行填充。

对象内部填充单一颜色的方式主要包括调色板、"均匀填充"对话框、颜料桶工具和"对象属性"泊坞窗等填充方式。

5.3.1　使用调色板填充

使用调色板可以对任何选中或未选中的闭合图形对象进行单色填充。用户在操作过程中，若已经选择图形对象，直接单击调色板中的色块，即可为图形填充颜色；若用户在操作过程中尚未选择对象，则需将调色板中的色块拖曳至要填充颜色的图形对象上，以填充对象颜色。图 5-22 所示即为将图形填充颜色前后的效果。

图 5-22　使用调色板填充颜色

5.3.2　使用均匀填充工具填充

使用"均匀填充"对话框，也可以为选择的闭合对象填充标准色。使用选择工具在绘图页面中选择对象，展开填充工具组选取均匀填充工具，弹出"均匀填充"对话框，如图 5-23 所示。在该对话框中利用"模型"选项卡、"混和器"选项卡或"调色板"选项卡设置相应的参数，为选择的对象填充颜色。

图 5-23　"均匀填充"对话框（七）

5.3.3 使用颜料桶工具填充

使用颜料桶工具也可以为对象填充颜色。在使用颜料桶工具之前，首先需要选取工具箱中的滴管工具，吸取所需颜色，然后再选取工具箱中的颜料桶工具，填充图形对象。使用颜料桶工具填充颜色的具体操作步骤如下：

（1）单击"文件"|"打开"命令或按【Ctrl＋O】组合键，打开一幅素材图形，如图 5-24 所示。

（2）选取工具箱中的滴管工具，移动鼠标指针至页面中，在衣服图形上单击鼠标左键，吸取该图形的颜色属性，此时鼠标指针形状如图 5-25 所示。

图 5-24　打开素材图形　　　　图 5-25　鼠标指针形状（一）

（3）选取工具箱中的油漆桶工具，移动鼠标指针至裙子图形上，如图 5-26 所示。

（4）单击鼠标左键，填充所吸取的颜色，效果如图 5-27 所示。

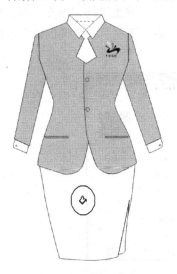 

图 5-26　鼠标指针形状（二）　　　　图 5-27　填充颜色

5.3.4　使用"对象属性"泊坞窗填充

　　在选择的对象上单击鼠标右键，在弹出的快捷菜单中选择"属性"选项，弹出"对象属性"泊坞窗，在该泊坞窗中单击"填充"选项卡 ，如图 5-28 所示。

　　在"填充类型"下拉列表框中选择"均匀填充"选项，在下面的颜色框中单击需要的颜色，即可将所选的颜色填充到选中的对象上，效果如图 5-29 所示。

图 5-28　"填充"选项卡　　　　图 5-29　图形填充效果

5.4　渐变填充和图样填充

　　在 CorelDRAW X4 中，除了可以对图形对象进行单色填充外，还可以制作渐变填充和图样填充效果。

5.4.1　渐变填充

　　渐变填充是使用平滑渐变的多种颜色对图形填充。这是一种非常实用的功能，在设计时经常用到。在 CorelDRAW X4 中，提供了 4 种类型的渐变填充，即线性渐变、射线渐变、圆锥渐变和方角渐变，通过这 4 种类型的渐变，可以制作出多种渐变效果。

1．线性渐变

　　CorelDRAW X4 的默认渐变填充类型为线性渐变填充，使用工具箱中的填充工具，可以为选择的图形对象应用双色渐变填充或自定义渐变填充。进行线性渐变填充的具体操作步骤如下：

　　（1）在绘图页面中选择需要进行线性渐变填充的图形对象，展开工具箱中的"填充"工具组，选择渐变填充工具，弹出"渐变填充"对话框，单击"从"下拉列表框右侧的下三角按钮，在弹出的下拉列表中选择"黄"色块，如图 5-30 所示。

　　（2）单击"确定"按钮，即可为选择的图形对象进行线性渐变填充，效果如图 5-31 所示。

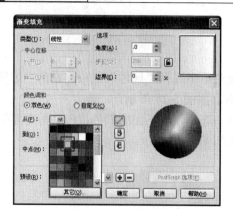

图 5-30 "渐变填充"对话框（八）

图 5-31 线性渐变填充图形

2. 射线渐变

射线渐变填充的操作方法与线性渐变填充的操作方法基本一致，不同的是在"渐变填充"对话框的"中心位移"选项区中各选项将被激活，用户可以精确地对渐变填充的中心位置进行设置。进行射线渐变填充的具体操作步骤如下：

（1）选择需要进行射线渐变填充的图形对象，在工具箱中选择渐变填充工具，弹出"渐变填充"对话框，在"类型"下拉列表框中选择"射线"选项，并设置其他各选项，如图 5-32 所示。

（2）单击"确定"按钮，即可对图形对象进行射线渐变填充，如图 5-33 所示。

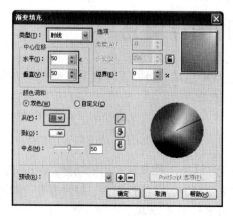

图 5-32 设置各选项

图 5-33 射线渐变填充图形

3. 圆锥渐变

圆锥渐变填充后，图形上的颜色就像光线落在圆锥上的效果。进行圆锥渐变填充的具体操作步骤如下：

（1）选择绘图页面中需要进行圆锥渐变填充的图形对象，然后选择工具箱中的渐变填充工具，弹出"渐变填充"对话框，在"类型"下拉列表框中选择"圆锥"选项，并在对话框中设置其他各选项，如图 5-34 所示。

（2）单击"确定"按钮，即可对图形对象进行圆锥渐变填充，效果如图 5-35 所示。

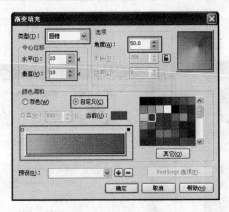

图 5-34 设置各选项

图 5-35 圆锥渐变填充图形

4. 方角渐变

为图形进行方角渐变填充后，对象的渐变填充色将以同心方形的形式从对象中心向外扩散。进行方角渐变填充的具体操作步骤如下：

（1）选择需要进行方角渐变填充的图形对象，然后选择工具箱中的渐变填充工具，弹出"渐变填充"对话框，在"类型"下拉列表框中选择"方角"选项，并设置其他各选项，如图 5-36 所示。

（2）单击"确定"按钮，即可对选择的图形对象进行方角渐变填充，效果如图 5-37 所示。

图 5-36 "渐变填充"对话框（九）

图 5-37 方角渐变填充图形

5.4.2 图样填充

用户可以使用 CorelDRAW X4 系统预设的图样对图形对象进行填充，也可以使用自定义图样对图形对象进行填充。图样填充包括双色图样填充、全色图样填充和位图图样填充 3 种填充方式。

1. 双色图样填充

双色图样是指一个仅包含两种指定颜色的图样，即由前景色和背景色所组成的简单图案，其具体操作方法如下：

（1）在绘图页面中选择需要进行双色图样填充的图形对象，如图 5-38 所示。

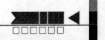

（2）选择工具箱中的图样填充工具，弹出"图样填充"对话框，选中"双色"单选按钮，如图 5-39 所示。

图 5-38　选择图形对象　　　　　　　　　　图 5-39　选中"双色"单选按钮

（3）单击"图样样式"下拉列表框右侧的下三角按钮，在弹出的下拉列表中选择需要的图样样式，如图 5-40 所示。

（4）单击"确定"按钮，即可对选择的图形对象进行双色图样填充，效果如图 5-41 所示。

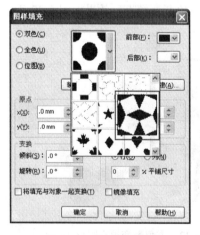

图 5-40　选择图样样式　　　　　　　　　　图 5-41　双色图样填充图形

2. 全色图样填充

全色图样是指一种用矢量方法创建的图样样式，且每一种全色图样都是由许多线条和与其对应的填充属性所组成的。使用全色图样填充可以使填充的图形更加平滑，进行全色图样填充的具体操作步骤如下：

（1）选择需要进行全色图样填充的图形对象，在工具箱中选择图样填充工具，弹出"图样填充"对话框，选中"全色"单选按钮，然后在右侧的"图样样式"下拉列表框中选择需要的图样样式，如图 5-42 所示。

（2）单击"确定"按钮，即可对图形对象进行全色图样填充，效果如图 5-43 所示。

图 5-42　"图样填充"对话框　　　　　　　图 5-43　全色图样填充图形

3. 位图图样填充

位图图样填充方式为图形对象填充的是一种位图图像，其复杂性取决于位图图像的大小、分辨率以及位深度等属性。进行位图图样填充的具体操作步骤如下：

（1）选择绘图页面中需要进行位图图样填充的图形对象，然后在工具箱中选择图样填充工具，弹出"图样填充"对话框，选中"位图"单选按钮，并在右侧的"图样样式"下拉列表框中选择需要的图样样式，如图 5-44 所示。

（2）单击"确定"按钮，即可对选择的图形对象进行位图图样填充，效果如图 5-45 所示。

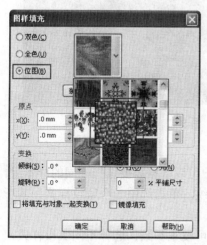

图 5-44　选择图样样式　　　　　　　　　图 5-45　填充位图图样

5.5　底纹填充和交互式填充

除了上述填充方式以外，CorelDRAW X4 还提供了底纹填充和交互式填充等高级填充方式，从而让用户轻松地创作出绚丽的填充效果。

5.5.1 底纹填充

底纹填充使用小块的位图填充图形对象，用于模拟对象真实的外观。用户可以将模拟的各种材料底纹、材质或纹理填充到对象中，同时还可以修改、编辑这些纹理的属性。

CorelDRAW 提供了多种预设的底纹，而且每种底纹均有一组可以更改的选项，用户可以使用任意一种颜色模式或调板中的颜色来自定义底纹填充。底纹填充只能用 RGB 颜色，但是可以使用其他的颜色模型和调色板作为参考来选择颜色。

1. 底纹填充

CorelDRAW X4 提供的预设底纹是随机产生的，它使用小块的位图填充图形对象，可以给图形对象一个自然的外观。进行底纹填充的具体操作步骤如下：

（1）选择需要进行底纹填充的背景图形，然后选择工具箱中的底纹填充工具，弹出"底纹填充"对话框，在"底纹库"下拉列表框中选择"样品"；在"底纹列表"下拉列表中选择"太阳耀斑 2"选项，如图 5-46 所示。

（2）单击"确定"按钮，即可为选择的背景图形填充底纹，效果如图 5-47 所示。

图 5-46 "底纹填充"对话框

图 5-47 填充底纹

在"底纹填充"对话框中各主要选项的含义如下：

- 底纹库：该下拉列表框中提供了 7 个样本组，用户可以根据需要选择不同的样本组。
- 底纹列表：该选项用于显示样本组中所包含的底纹，单击选中一个底纹样式，其下方的预览框中会显示该底纹的效果。
- 样式名称：该选项区包含了所选底纹样式的所有可设置参数，选择不同底纹样式，会显示不同的参数。
- ：该按钮用于锁定和解锁每个参数选项，当单击"预览"按钮后，锁定的每个参数都会随机发生变化，同时底纹图案也会发生变化。
- 选项：单击该按钮，弹出"底纹选项"对话框，如图 5-48 所示，其中"位图分辨率"数值框用于设置位图分辨率的大小；"底纹尺寸限度"选项区用于设置位图最大平铺宽度的大小。
- 平铺：单击该按钮，弹出"平铺"对话框，如图 5-49 所示，在该对话框中可以设置底纹的"原点"、"大小"、"变换"等参数。

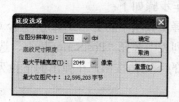

图 5-48　"底纹选项"对话框

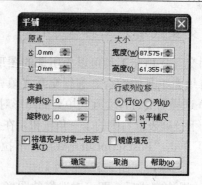

图 5-49　"平铺"对话框

2．PostScript 底纹填充

PostScript 底纹是一种特殊的图案，它是使用 PostScript 语言创建出来的一种特殊的底纹，与其他位图底纹的明显区别在于，从 PostScript 底纹的空白处可以看见它下面的对象。进行 PostScript 底纹填充的具体操作步骤如下：

（1）选择需要进行 PostScript 底纹填充的图形对象，然后选择工具箱中的 PostScript 填充工具，弹出"PostScript 底纹"对话框，在其左上角的下拉列表中选择"彩色圆"选项，然后选中"预览填充"复选框，如图 5-50 所示。

（2）单击"确定"按钮，即可为图形对象填充 PostScript 底纹，效果如图 5-51 所示。

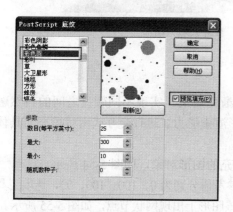

图 5-50　"PostScript 底纹"对话框

图 5-51　填充 PostScript 底纹

在"PostScript 底纹"对话框中选中"预览填充"复选框，则不需要打印就可以查看底纹的效果。在该对话框左上方的列表框中提供了多种 PostScript 底纹，可供用户选择。

选择列表框中的任意一种 PostScript 底纹，"参数"选项区中会显示所选 PostScript 底纹的相应参数，不同的 PostScript 底纹对应着不同的参数。若在"参数"选项区的任意一个数值框中输入参数值，则可以更改所选 PostScript 底纹，并生成新的 PostScript 底纹。

5.5.2　交互式填充

CorelDRAW X4 提供了两种比较特殊的填充工具，即交互式填充工具和交互式网状填充工具。利用这两种工具，用户可以对填充效果进行编辑。

1. 交互式填充工具

使用交互式填充工具可以为所选的图形对象进行单色、渐变、图案和底纹等各种填充，它是所有填充工具的综合。进行交互式填充的具体操作步骤如下：

（1）选择需要进行交互式填充的图形对象，然后选择工具箱中的交互式填充工具，单击"填充类型"下拉列表框右侧的下三角按钮，在弹出的下拉列表中选择"PostScript 填充"选项。

（2）单击"PostScript 填充底纹"下拉列表框右侧的下三角按钮，在弹出的下拉列表中选择"绿叶"选项，如图 5-52 所示。

（3）操作完成后，即可对选择的图形对象进行交互式填充，效果如图 5-53 所示。

图 5-52　选择填充样式　　　　　图 5-53　交互式填充图形

2. 交互式网状填充工具

使用交互式网状填充工具可以生成比较细腻的渐变效果，实现不同颜色之间的自然融合，更好地对图形进行多样填充处理，从而增强色彩渲染能力。进行交互式网状填充的具体操作步骤如下：

（1）使用选择工具选择需要进行交互式网状填充的图形对象，如图 5-54 所示。

（2）使用填充工具将图形填充为红色（CMYK 参考值分别为 0、100、100、0），选取工具箱中的交互式网状填充工具，单击填充的图形，此时该图形上出现网状节点，如图 5-55 所示。

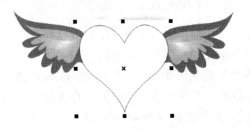
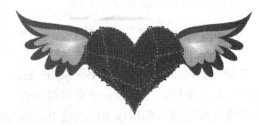

图 5-54　选择图形　　　　　　图 5-55　网状节点

（3）在其属性栏中设置"网格大小"为 3×3，用户可以双击节点，将节点删除，或者在网格上双击鼠标左键，添加节点。

（4）选中交叉节点，或者在按住【Shift】键的同时选择多个节点，并单击调色板中的颜色色块，或者利用"颜色"泊坞窗设置其颜色，效果如图 5-56 所示。

（5）用鼠标拖曳控制柄至合适位置，改变颜色的填充方向，效果如图 5-57 所示。

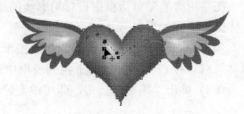

图 5-56　填充效果　　　　　　　　　　　　图 5-57　改变颜色填充方向

5.6　编辑轮廓属性

在 CorelDRAW X4 中，轮廓是依附于路径的，即从一个节点开始到另一个节点终止。这一特征是轮廓的实质，而轮廓又赋予路径一些可视化的基本特征。

轮廓线是指一个图形对象的边缘或路径。系统默认情况下，在 CorelDRAW X4 中绘制的图形轮廓线为黑色的细线，通过设置轮廓线的样式，可以绘制出不同的轮廓线。

5.6.1　设置轮廓线颜色

在 CorelDRAW X4 中，所绘制图形的轮廓线颜色默认为黑色，用户可根据需要在调色板或"轮廓笔"对话框中进行自定义设置。

1．在调色板中设置轮廓线颜色

通过运用工作界面右侧的调色板，用户可以方便地将轮廓线的颜色设置为 CorelDRAW X4 预设的颜色，其具体操作步骤如下：

（1）在绘图页面中选择需要设置轮廓线颜色的图形对象，如图 5-58 所示。

（2）将鼠标指针移至调色板的"青"色块上，单击鼠标右键，即可将图形轮廓线的颜色更改为青色，效果如图 5-59 所示。

图 5-58　选择图形对象　　　　　　　　　图 5-59　改变轮廓线颜色（一）

2. 在"轮廓笔"对话框中设置轮廓线颜色

在"轮廓笔"对话框中设置轮廓线的颜色时，用户可根据需要自定义轮廓线的颜色，其具体操作步骤如下：

（1）选择需要设置轮廓线颜色的图形对象，然后选择工具箱中的轮廓笔工具，弹出"轮廓笔"对话框，在"颜色"下拉列表框中选择"橘红"色块，如图 5-60 所示。

（2）单击"确定"按钮，即可改变轮廓线的颜色，如图 5-61 所示。

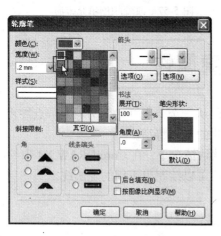

图 5-60 "轮廓笔"对话框

图 5-61 改变轮廓线颜色（二）

5.6.2 设置轮廓线宽度

在 CorelDRAW X4 中，用户可以利用"轮廓"工具组或"轮廓笔"对话框设置轮廓线的宽度。

1. 运用"轮廓"工具组设置轮廓线宽度

在"轮廓"工具组中用于设置轮廓线宽度的工具包括细线轮廓、1/2 点轮廓、1 点轮廓、2 点轮廓、8 点轮廓、16 点轮廓和 24 点轮廓，用户只需在工具组中选择相应的轮廓宽度工具即可改变轮廓线宽度，图 5-62 所示即为改变文字轮廓线宽度前后的效果。

图 5-62 改变轮廓线宽度前后的效果

2. 运用"轮廓笔"对话框设置轮廓线宽度

在"轮廓笔"对话框的"宽度"选项区中，用户可根据需要设置轮廓线的宽度和单位。

运用"轮廓笔"对话框设置轮廓线宽度的具体操作步骤如下：

（1）选择需要设置轮廓线宽度的图形对象，然后选择工具箱中的轮廓笔工具，弹出"轮廓笔"对话框，在"宽度"下拉列表框中输入 7mm，如图 5-63 所示。

（2）单击"确定"按钮，即可更改轮廓线的宽度，效果如图 5-64 所示。

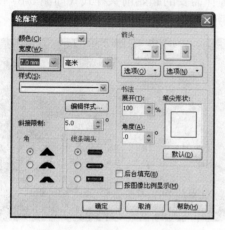

图 5-63　"轮廓笔"对话框

图 5-64　更改轮廓线宽度后的效果

5.6.3　设置轮廓线样式和添加箭头

除了设置轮廓线颜色和宽度以外，用户还可以设置轮廓线的样式或为轮廓线添加箭头。

1. 设置轮廓线样式

CorelDRAW X4 预设的轮廓线样式有的以线段构成，有的以点构成，有的以线段和点构成，用户可以为轮廓线设置各种不同的样式，其具体操作步骤如下：

（1）选择绘图页面中的曲线图形，打开"轮廓笔"对话框，在"样式"下拉列表框中选择第 3 种轮廓线样式，如图 5-65 所示。

（2）单击"确定"按钮，即可更改轮廓线的样式，效果如图 5-66 所示。

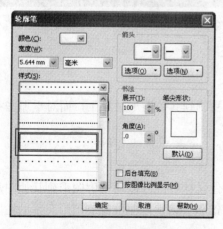

图 5-65　选择轮廓线样式

图 5-66　更改轮廓线样式后的效果

2. 为轮廓线添加箭头

在 CorelDRAW X4 中，可以为直线或曲线添加箭头来指示方向，其具体操作步骤如下：

（1）选择绘图页面中的曲线图形对象，单击工具属性栏中"起始箭头选择器"下拉列表框右侧的下三角按钮，在弹出的下拉列表中选择需要的起始箭头样式（如图 5-67 所示），即可为曲线的起始端添加箭头，效果如图 5-68 所示。

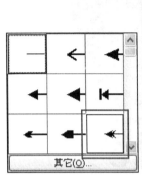

图 5-67　选择起始箭头样式　　　　　　　　　图 5-68　添加起始箭头

（2）单击"终止箭头选择器"下拉列表框右侧的下三角按钮，在弹出的下拉列表中选择终止端的箭头样式（如图 5-69 所示），即可为曲线的终止端添加箭头，效果如图 5-70 所示。

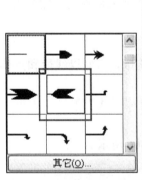
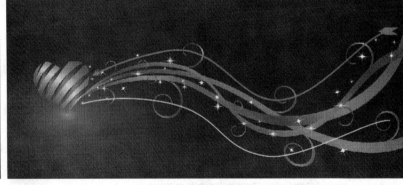

图 5-69　选择终止箭头样式　　　　　　　　　图 5-70　添加终止箭头

5.6.4　复制与清除轮廓属性

设置好图形对象的轮廓属性后，可以将其复制到其他图形对象上，而对于那些不合适或不需要的轮廓属性，用户可以将其清除。

1. 复制轮廓属性

选择已经设置好轮廓属性的图形对象，按住鼠标右键并拖动轮廓图形到其他图形上，释放鼠标右键，在弹出的快捷菜单中选择"复制轮廓"选项，即可复制图形对象的轮廓属性，效果如图 5-71 所示。

图 5-71　复制轮廓属性

2. 清除轮廓属性

选择要清除轮廓属性的图形对象，选取"轮廓"工具组中的无轮廓工具 X，即可清除轮廓属性。图 5-72 所示即为清除图形对象轮廓前后的效果。

图 5-72　清除轮廓前后的效果

习题与上机操作

一、填空题

1. 启动 CorelDRAW X4 应用程序后，默认打开的调色板是_____。

2. 在"调色板编辑器"对话框中选择颜色时，若按住_____键的同时，依次单击两个不连续的颜色色块，可同时选择两种颜色色块及其之间连续的多种颜色；若按住_____键的同时，依次单击不同的颜色色块，可选择不连续的多种颜色。

3. CorelDRAW X4 为用户提供了 4 种渐变填充类型，分别为_____填充、射线渐变填充、圆锥渐变填充和_____填充。

4．CorelDRAW X4 为用户提供了 3 种图样填充方式：_____、_____和_____。

二、思考题

1．简述打开调色板的方法。

2．如何移动绘图窗口中的调色板？

3．创建自定义调色板有哪几种方法？

4．简述设置轮廓线颜色的方法。

5．改变轮廓线宽度有哪几种方法？

三、上机操作

1．练习为图形对象进行渐变填充。

2．练习使用 3 种图样填充方式（双色图样、全色图样和位图图样）进行填充。

3．练习运用交互式网状填充工具填充图形。

4．绘制如图 5-73 所示的企业专用笔，并使用填充工具为其填充颜色。

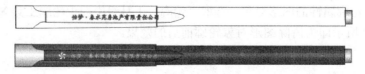

图 5-73　企业专用笔

关键提示：对图形进行线性渐变填充，并自定义填充颜色。

第6章 对象的组织与管理

本章学习目标

通过本章的学习，读者应掌握对象的排序、对象的对齐与分布、对象的修整、图框精确裁剪、群组对象、结合与打散对象、锁定与分离对象等操作。

学习重点和难点

- 对象的排序
- 对齐与分布对象
- 修整对象
- 图框精确裁剪
- 群组对象
- 结合与打散对象

6.1 对象的排序

在 CorelDRAW X4 中绘制的图形对象可能存在着相互重叠的关系，这就需要使用排序功能将对象按前后顺序有序地排列起来。一般最后创建的图形对象排在最前面，最先创建的对象则排在最后面。

6.1.1 到页面前面

单击"排列" | "顺序" | "到页面前面"命令，可以将所选图形对象移至当前页面中所有图形对象的最前面，其快捷键为【Ctrl＋Home】。

（1）单击"文件" | "打开"命令或按【Ctrl＋O】组合键，打开一幅素材图形，如图 6-1 所示。

（2）选取工具箱中的选择工具，移动鼠标指针至页面中，单击鼠标左键，选择如图 6-2 所示的图形对象。

图6-1 打开素材图形

图6-2 选择图形对象

（3）单击"排列"|"顺序"|"到页面前面"命令，页面中所选图形对象将排列在所有图形对象的最前面，效果如图 6-3 所示。

图 6-3　调整对象至页面前面

6.1.2　到页面后面

单击"排列"|"顺序"|"到页面后面"命令，可以将所选图形对象移至当前页面中所有图形对象的最后面，其快捷键为【Ctrl＋End】。图 6-4 所示为调整对象至所有图形对象最后面的效果。

图 6-4　调整对象至页面后面

6.1.3　到图层前面

使用挑选工具在绘图页面中选择要调整的树状对象，单击"排列"|"顺序"|"到图层前面"命令或按【Shift＋PageUp】组合键，可以调整对象至其所在图层的最前面，效果如图 6-5 所示。

6.1.4　到图层后面

使用挑选工具在绘图页面中选择要调整的树状对象，单击"排列"|"顺序"|"到图层后面"命令或按【Shift＋PageDown】组合键，可以调整对象至其所在图层的最后面，效果如图 6-6 所示。

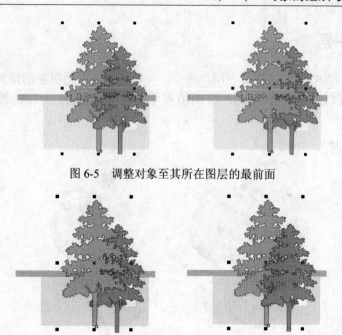

图 6-5　调整对象至其所在图层的最前面

图 6-6　调整对象至其所在图层的最后面

6.1.5　向前一层

单击"排列"|"顺序"|"向前一层"命令，可以将所选图形对象的排列顺序向前移动一层，其快捷键为【Ctrl＋PageUp】。

（1）单击"文件"|"打开"命令或按【Ctrl＋O】组合键，打开一幅素材图形，如图 6-7 所示。

（2）选取工具箱中的挑选工具，移动鼠标指针至页面中，选择如图 6-8 所示的图形。

（3）单击鼠标右键，在弹出的快捷菜单中选择"顺序"|"向前一层"选项，此时，页面中所选图形对象向前移动一层，效果如图 6-9 所示。

图 6-7　打开素材图形

图 6-8　选择图形对象

图 6-9　向前移动一层

6.1.6　向后一层

单击"排列"|"顺序"|"向后一层"命令，可以将所选图形对象的排列顺序向后移动一层，其快捷键为【Ctrl＋PageDown】。图 6-10 所示为调整对象向后一层的效果。

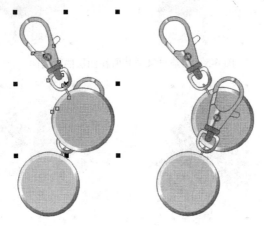

图 6-10　向后移动一层

6.1.7　置于此对象前

使用挑选工具在绘图页面中选择要调整的飞鹤对象，单击"排列"|"顺序"|"置于此对象前"命令，当鼠标指针呈➡形状时，单击指定对象，即可将选择的对象移至指定对象前面，效果如图 6-11 所示。

图 6-11　调整对象到指定对象前

6.1.8　置于此对象后

使用挑选工具在绘图页面中选择要调整的飞鹤对象，单击"排列"|"顺序"|"置于此对象后"命令，当鼠标指针呈➡形状时，单击指定对象，即可将选择的对象移至指定对象后面，效果如图 6-12 所示。

图 6-12　调整对象到指定对象后

6.1.9　反转顺序

单击"排列"|"顺序"|"反转顺序"命令，所选图形对象将以当前排列顺序的相反顺序进行重排。只有在页面中选择了两个或两个以上的图形对象时，才能激活该命令。

（1）单击"文件"|"打开"命令或按【Ctrl＋O】组合键，打开一幅素材图形，如图 6-13所示。

（2）确定打开的素材图形为选中状态，单击鼠标右键，在弹出的快捷菜单中选择"顺序"|"反转顺序"选项，所选对象将按反序排列，效果如图 6-14 所示。

图 6-13　打开的素材图形

图 6-14　反转顺序效果

6.2　对齐与分布对象

在绘制图形时，经常需要将图形对象按照一定的规则进行排列，以达到更好的视觉效果。在 CorelDRAW 中，可以将图形或者文本对象按照指定的方式排列，使它们按中心或边缘对齐或均匀分布。

6.2.1　对齐对象

CorelDRAW 提供了多种对齐对象的功能，用户可以将一系列对象按照指定的方式排列，还可以使对象与网格、辅助线对齐。

在对齐对象时，可以将所选对象沿水平或者垂直方向对齐，也可以同时沿水平和垂直方向对齐。对齐对象时的参考点可以是对象的中心或者边缘。

若要对齐对象，首先在页面中选择需要对齐的对象，单击"排列"|"对齐和分布"|"对齐和分布"命令，弹出"对齐与分布"对话框，如图 6-15 所示。对齐对象时以最后选中的对象为基准。

图 6-15　"对齐与分布"对话框（一）

"对齐与分布"对话框中各主要选项的含义如下：

● 上：选中该复选框，表示所选对象靠顶端对齐。
● 中：选中该复选框，表示所选对象在水平方向中心对齐。
● 下：选中该复选框，表示所选对象靠底端对齐。
● 左：选中该复选框，表示所选对象靠左端对齐。
● 中：选中该复选框，表示所选对象在垂直方向中心对齐。
● 右：选中该复选框，表示所选对象靠右端对齐。
● "对齐对象到"和"用于文本来源对象"：在这两个下拉列表框中，用户可以选择不同的选项，用于设置图形对象以页面的哪个位置为基准对齐。这两个选项必须与上述 6 个复选框同时使用，以指定图形对象的哪个部分与页边缘或页中心对齐。

对齐上学小儿郎的具体操作步骤如下：

（1）单击"文件"|"打开"命令或按【Ctrl＋O】组合键，打开一幅素材图形，如图 6-16 所示。

（2）按【Ctrl＋A】组合键，全选页面中的图形。

（3）单击"排列"|"对齐和分布"|"对齐和分布"命令，弹出"对齐与分布"对话框，选中"上"复选框，在"对齐对象到"下拉列表框中选择"活动对象"选项，在"用于文本来源对象"下拉列表框中选择"装订框"选项，如图 6-17 所示。

图 6-16　打开素材图形

图 6-17　"对齐与分布"对话框（二）

（4）单击"应用"按钮，页面中的所选图形对象将靠顶端对齐，效果如图 6-18 所示。

（5）在该对话框中选中"中"复选框，然后单击"应用"按钮，页面中所选图形对象将水平居中对齐，效果如图 6-19 所示。

（6）在该对话框中选中"下"复选框，然后单击"应用"按钮，页面中所选图形对象将靠底端对齐，效果如图 6-20 所示。

图 6-18　顶端对齐效果　　　　图 6-19　水平居中对齐效果　　　图 6-20　底端对齐效果

对齐卡通人物的具体操作步骤如下：

（1）单击"文件"|"打开"命令或按【Ctrl＋O】组合键，打开一幅素材图形，如图 6-21 所示。

（2）按【Ctrl＋A】组合键，全选页面中的图形。

（3）单击"排列"|"对齐和分布"|"对齐和分布"命令，弹出"对齐与分布"对话框，选中"左"复选框，在"对齐对象到"下拉列表框中选择"活动对象"选项，在"用于文本来源对象"下拉列表框中选择"装订框"选项，如图 6-22 所示。

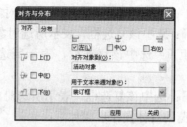

图 6-21　打开素材图形　　　　　　图 6-22　"对齐与分布"对话框（三）

（4）单击"应用"按钮，页面中所选图形对象将靠左对齐，效果如图 6-23 所示。

（5）在该对话框中选中"中"复选框，然后单击"应用"按钮，页面中所选图形对象将垂直居中对齐，效果如图 6-24 所示。

（6）在该对话框中选中"右"复选框，然后单击"应用"按钮，页面中所选图形对象将靠右对齐，效果如图 6-25 所示。

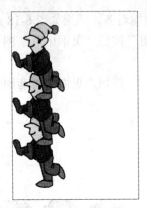

图 6-23　左对齐效果　　　图 6-24　垂直居中对齐效果　　　图 6-25　右对齐效果

6.2.2　分布对象

　　在 CorelDRAW 中，可以将所选对象按照一定的规律分布在绘图页面中或者选定的区域中。在分布对象时可以让对象等间距排列，并且可以指定排列时的参考点，还可以将辅助线按照一定的间距分布。

图 6-26　"对齐与分布"对话框（四）

　　若要分布对象，首先在页面中选择需要分布的图形对象，单击"排列"|"对齐和分布"|"对齐和分布"命令，在弹出的"对齐与分布"对话框中单击"分布"选项卡，如图 6-26 所示。

　　该对话框中各主要选项的含义如下：

- 上：选中该复选框，表示所选对象将以顶端为基准进行等间隔分布。
- 中：选中该复选框，表示所选对象将以水平中心为基准等间隔进行分布。
- 间距：选中该复选框，表示所选对象将以对象之间的水平间隔为基准进行等间隔分布。
- 下：选中该复选框，表示所选对象将以对象的底端为基准进行等间隔分布。
- 左：选中该复选框，表示所选对象将以对象的左边缘为基准进行等间隔分布。
- 中：选中该复选框，表示所选对象将以对象的垂直中心点为基准进行等间隔分布。
- 间距：选中该复选框，表示所选对象将以对象之间的垂直间隔为基准进行等间隔分布。
- 右：选中该复选框，表示所选对象将以对象的右边缘为基准进行等间隔的分布。

　　分布蘑菇的具体操作步骤如下：

　　（1）单击"文件"|"打开"命令或按【Ctrl＋O】组合键，打开一幅素材图形，如图 6-27 所示。

　　（2）按【Ctrl＋A】组合键，全选页面中的图形。

　　（3）单击"排列"|"对齐和分布"|"对齐和分布"命令，弹出"对齐与分布"对话框，单击"分布"选项卡，选中"上"复选框，在"分布到"选项区中选中"选定的范围"单选按钮，如图 6-28 所示。

图 6-27　打开素材图形　　　　　图 6-28　"对齐与分布"对话框（五）

（4）单击"应用"按钮，页面中所选图形对象将以顶端为基准进行等距离分布，效果如图 6-29 所示。

（5）在"对齐与分布"对话框左侧选中"中"复选框，然后单击"应用"按钮，页面中所选图形对象将水平居中分布，效果如图 6-30 所示。

图 6-29　顶端等间距分布效果　　　　　图 6-30　水平居中分布效果

（6）在"对齐与分布"对话框左侧选中"间距"复选框，然后单击"应用"按钮，页面中所选图形对象将等间距水平分布，效果如图 6-31 所示。

（7）在"对齐与分布"对话框中，选中"下"复选框，然后单击"应用"按钮，页面中所选图形对象将按底端等距离分布，效果如图 6-32 所示。

图 6-31　等间距水平分布效果　　　　　图 6-32　底端等距离分布效果

分布花朵的具体操作步骤如下：

（1）单击"文件"|"打开"命令或按【Ctrl＋O】组合键，打开一幅素材图形，如图 6-33

所示。

（2）按【Ctrl＋A】组合键，全选页面中的图形。

（3）单击"排列"|"对齐和分布"|"对齐和分布"命令，弹出"对齐与分布"对话框，单击"分布"选项卡，选中"左"复选框，在"分布到"选项区中选中"选定的范围"单选按钮，如图 6-34 所示。

图 6-33　打开素材图形　　　　　图 6-34　"对齐与分布"对话框（六）

（4）单击"应用"按钮，页面中所选图形对象将以左边缘为基准等间距分布，效果如图 6-35 所示。

（5）在该对话框上方选中"中"复选框，然后单击"应用"按钮，页面中所选图形对象将水平居中分布，效果如图 6-36 所示。

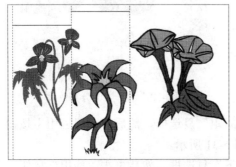
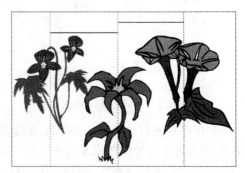

图 6-35　左边缘等间距分布效果　　　　　图 6-36　水平居中分布效果

（6）在该对话框上方选中"间距"复选框，然后单击"应用"按钮，页面中所选图形对象将以等间距分布，效果如图 6-37 所示。

（7）在该对话框中选中"右"复选框，然后单击"应用"按钮，页面中所选图形对象将以右边缘为基准等间距分布，效果如图 6-38 所示。

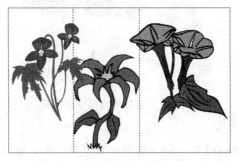
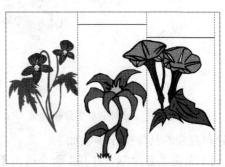

图 6-37　等间距分布效果　　　　　图 6-38　右边缘等间距分布效果

6.3　修整对象

在 CorelDRAW X4 中，修整功能是编辑图形对象的重要手段。"造形"泊坞窗提供了焊接、修剪、相交和简化等 6 种修整功能，通过这些功能修整对象可以得到许多特别的图形或文本效果，还可以创建出复杂的全新图形。

单击"窗口"|"泊坞窗"|"造形"命令，弹出"造形"泊坞窗（如图 6-39 所示），该泊坞窗中主要选项的含义如下：

● 下拉列表框：位于泊坞窗最上方，用户可以在该下拉列表框中选择修整方式。

● 预览窗口：位于下拉列表框的下方，用于预览对象修整的效果。

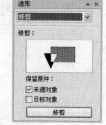

图 6-39　"造形"泊坞窗

● 保留原件：在该选项区中选中"来源对象"复选框，修整后将保留源对象；若选中"目标对象"复选框，将保留目标对象；若同时选中两个复选框，则既保留源对象又保留目标对象。

● 应用按钮：该按钮的名称随着选项的变化而变化，单击该按钮可将修整应用至所选对象上。

6.3.1　焊接

焊接是将若干个图形对象接合成一个图形对象，以此来创建具有单一轮廓的对象。新对象用焊接对象的边界作为轮廓，并采用目标对象的填充和轮廓属性，被焊接图形的交叉线都将消失。

用户可以通过焊接对象来创建难以绘制的形状。可以焊接的对象包括克隆的对象以及不同图层上的对象，但是不能焊接位图图像、段落文本、尺度线或克隆的主对象。焊接对象的具体操作方法如下：

（1）单击"文件"|"打开"命令或按【Ctrl＋O】组合键，打开一幅素材图形，如图 6-40 所示。

（2）选取工具箱中的基本形状工具，在其属性栏中单击"完美形状"按钮，在弹出的面板中选择圆柱形，移动鼠标指针至页面中，按住鼠标左键并拖动以绘制一个圆柱图形，如图 6-41 所示。

（3）确定所绘制的图形为选中状态，单击调色板中的"红褐"色块，为图形填充颜色，效果如图 6-42 所示。

（4）确定打开的素材图形为选中状态，单击"窗口"|"泊坞窗"|"造形"命令，弹出"造形"泊坞窗，在泊坞窗上方的下拉列表框中选择"焊接"选项，设置"保留原件"为"来源对象"，如图 6-43 所示。

（5）单击"焊接到"按钮，移动鼠标指针至页面中所绘制的圆柱图形对象上，此时的鼠标指针形状如图 6-44 所示。

（6）单击鼠标左键，所选图形被焊接至单击的图形上，效果如图 6-45 所示。

图 6-40　打开素材图形

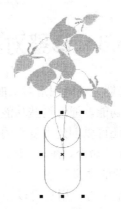

图 6-41　绘制图形

图 6-42　填充颜色

图 6-43　"修整"泊坞窗

图 6-44　鼠标指针形状

图 6-45　焊接后的效果

6.3.2　修剪

修剪是通过移除重叠的对象区域来创建不规则形状的对象。修剪的对象可以是克隆对象、不同图层上的对象以及带有交叉线的单个对象。但是不能修剪段落文本、尺度线或克隆的主对象。

在修剪对象之前，必须先确定修剪的对象（目标对象）以及执行修剪的对象（来源对象）。

CorelDRAW 允许以不同的方式修剪对象。例如，可以将顶层的对象作为来源对象去修剪后面的对象，也可以用后面的对象来修剪顶层的对象，还可以移除重叠对象的隐藏区域，以便绘图区中只保留可见区域。将矢量图形转换成位图时，移除隐藏区域可减小文件的大小。修剪对象的具体操作方法如下：

（1）单击"文件"|"打开"命令或按【Ctrl＋O】组合键，分别打开一幅雪人图像和一幅相框图像，如图 6-46 所示。

（2）确定打开的相框图像为当前图像，并确定该图像为选中状态，单击"编辑"|"复制"命令或按【Ctrl＋C】组合键，复制选择的图像。

（3）切换到雪人图像，单击"编辑"|"粘贴"命令或按【Ctrl＋V】组合键，粘贴所复制的图像，将其移至雪人图像的上方。

（4）选取工具箱中的矩形工具，移动鼠标指针至页面中，按住鼠标左键并拖动鼠标，绘制一个矩形，如图 6-47 所示。

（5）单击"窗口"|"泊坞窗"|"造形"命令，弹出"造形"泊坞窗，在泊坞窗上方的

下拉列表框中选择"修剪"选项，并设置"保留原件"为"来源对象"，如图 6-48 所示。

图 6-46　打开的雪人和相框图像

图 6-47　绘制矩形　　　　　　　　　　　　　　　图 6-48　"造形"泊坞窗

（6）单击"修剪"按钮，移动鼠标指针至页面中的相框图像上，此时鼠标指针形状如图 6-49 所示。

（7）单击鼠标左键，相框图像与矩形重叠的部分即被修剪，效果如图 6-50 所示。

图 6-49　鼠标指针形状　　　　　　　　　　　　　图 6-50　修剪后的效果

6.3.3　相交

相交是将两个或两个以上对象的相交部分组成一个新的图形对象。新创建的图形对象的填充和轮廓属性与目标对象相同。相交对象的具体操作步骤如下：

（1）选取工具箱中的贝塞尔工具，移动鼠标指针至页面中，单击鼠标左键，创建第一点，移动鼠标指针至另一位置，按住鼠标左键并拖动鼠标，创建一条曲线，如图 6-51 所示。

（2）依次创建其他点，绘制一条闭合的路径，如图 6-52 所示。

图 6-51　绘制路径　　　　　　　　　　图 6-52　绘制闭合路径

（3）单击调色板中的"洋红"色块，在属性栏中设置轮廓宽度为"无"，此时的图形填充效果如图 6-53 所示。

（4）选取工具箱中的椭圆工具，移动鼠标指针至页面中，按住鼠标左键并拖动，绘制一个椭圆图形，如图 6-54 所示。

图 6-53　填充颜色（一）　　　　　　　图 6-54　绘制椭圆

（5）单击调色板中的"黄"色块，在其属性栏中设置轮廓宽度为"无"，此时的图形填充效果如图 6-55 所示。

（6）确定填充洋红色的图形对象为选中状态，单击"窗口"|"泊坞窗"|"造形"命令，弹出"造形"泊坞窗，在泊坞窗上方的下拉列表框中选择"相交"选项，设置"保留原件"为"来源对象"，如图 6-56 所示。

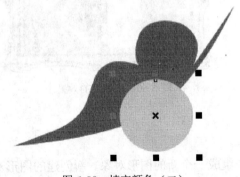

图 6-55　填充颜色（二）　　　　　　　图 6-56　"造形"泊坞窗

（7）单击"相交"按钮，移动鼠标指针至所绘制的椭圆上，此时的鼠标指针形状如图 6-57 所示。

（8）单击鼠标左键，图形对象即完成相交，效果如图 6-58 所示。

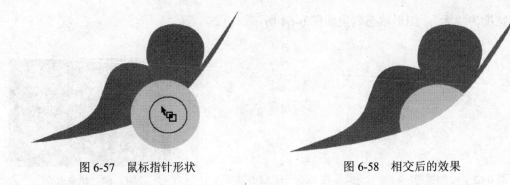

图 6-57　鼠标指针形状　　　　　　　　　图 6-58　相交后的效果

6.3.4　简化

简化是减去后面图形和前面图形的重叠部分，并保留前面图形和后面图形的状态。简化对象的具体操作步骤如下：

（1）单击"文件"|"打开"命令或按【Ctrl＋O】组合键，打开一幅如图 6-59 所示的素材图像。

（2）运用挑选工具选择绘图页面中的两个正圆图形，单击"窗口"|"泊坞窗"|"造形"命令，弹出"造形"泊坞窗，在泊坞窗上方的下拉列表框中选择"简化"选项，如图 6-60所示。

（3）单击"应用"按钮，简化当前图形，然后选择绘图页面中的大圆，按【→】和【↑】键调整正圆图形的位置，效果如图 6-61 所示。

 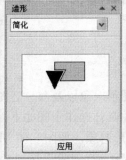 

图 6-59　打开素材图像　　　图 6-60　"造形"泊坞窗　　图 6-61　简化当前图形后的效果

6.3.5　移除后面对象

移除后面对象可以减去后面的图形以及前后图形的重叠部分，保留前面图形的剩余部分，从而生成新的图形。利用移除后面对象功能制作大甩卖标识的具体操作步骤如下：

（1）选择工具箱中的基本形状工具，在展开的工具组中选取标题形状工具，在其属性栏中单击"完美形状"按钮，从弹出的面板中选择"爆炸"图形，移动鼠标指针至页面中，按住鼠标左键并拖动，绘制如图 6-62 所示的图形。

（2）选取工具箱中的矩形工具，移动鼠标指针至页面中，按住鼠标左键并拖动，绘制一个矩形，并将其置于上述所绘制的图形上面，如图 6-63 所示。

（3）确定所绘制的矩形为选中状态，单击调色板中的"朱红"色块，在其属性栏中设置轮廓宽度为"无"，图形填充效果如图 6-64 所示。

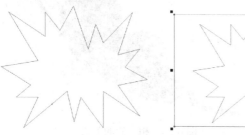
图 6-62 绘制图形

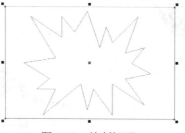
图 6-63 绘制矩形

图 6-64 填充颜色

（4）按【Ctrl＋A】组合键，全选页面中所绘制的图形，单击"窗口"|"泊坞窗"|"造形"命令，弹出"造形"泊坞窗，在泊坞窗上方的下拉列表框中选择"移除后面对象"选项，单击"应用"按钮，所选图形对象执行前减后操作之后的效果如图 6-65 所示。

（5）选取工具箱中的文本工具，在其属性栏中设置字体为"方正综艺简体"、大小为 90，在调色板中选择"朱红"色块，输入文字后的效果如图 6-66 所示。

图 6-65 前减后的效果

图 6-66 输入文字

6.3.6 移除前面对象

移除前面对象可以删除前面的图形对象以及前、后图形对象的重叠部分，只保留后面图形对象剩下的部分。移除前面对象的具体操作步骤如下：

（1）选择正圆和五角形两个图形对象，如图 6-67 所示。

（2）单击工具属性栏中的"移除前面对象"按钮，即可将前面的图形对象以及前、后图形对象的重叠部分删除，效果如图 6-68 所示。

图 6-67 选择图形对象

图 6-68 移除前面对象的效果

6.4　图框精确裁剪

在 CorelDRAW X4 中，使用"精确剪裁"命令，可以将一个对象精确剪裁在另外一个容器对象中，从而可以方便地对图形或图像的矢量轮廓进行控制。

6.4.1　创建精确裁剪效果

运用工具箱中的矩形、椭圆、多边形和基本形状等工具，可以绘制容器形状，用于精确剪裁位图。创建精确剪裁效果，可以通过菜单命令或者用鼠标右键拖曳的方法来完成。

1．使用菜单命令

单击"效果"|"精确剪裁"|"放置在容器中"命令，可以将图形放置于一个容器内，其具体操作步骤如下：

（1）新建一个空白文档，单击"文件"|"导入"命令，导入人物图像和容器图形，使用选择工具选择要精确剪裁的人物图像，如图 6-69 所示。

（2）单击"效果"|"精确剪裁"|"放置在容器中"命令，此时鼠标指针呈➡形状，如图 6-70 所示。

（3）单击所要置入的容器图形，即可将图像置入容器中，效果如图 6-71 所示。

图 6-69　人物图像

图 6-70　鼠标指针形状

图 6-71　精确剪裁效果

2．使用鼠标右键

在要进行精确剪裁的图像上按住鼠标右键，将其拖动至用于精确剪裁的容器图形上，当鼠标指针呈如图 6-72 所示的形状时，释放鼠标右键，在弹出的快捷菜单中选择"图框精确剪裁内部"选项,即可将图像精确剪裁至容器中,效果如图 6-73 所示。

图 6-72　鼠标指针形状

图 6-73　精确剪裁至容器中

6.4.2　调整精确剪裁效果

图 6-74　快捷菜单

为位图图像添加精确剪裁效果后,用户还可对置入容器的图像进行再编辑,其具体操作步骤如下:

(1)在创建了精确剪裁效果的图像上单击鼠标右键,弹出快捷菜单,选择"编辑内容"选项,如图 6-74 所示。

(2)容器中的内容会全部显示出来,如图 6-75 所示。

(3)选择工具箱中的挑选工具,调整位图图像的大小和位置,在图像上方再次单击鼠标右键,在弹出的快捷菜单中选择"结束编辑"选项,即可完成精确剪裁效果的操作,如图 6-76 所示。

图 6-75　显示内容

图 6-76　完成精确剪裁效果

6.4.3　取消精确剪裁效果

对于已经应用了精确剪裁效果的对象,可以将此效果取消,以恢复对象在应用该效果之前的属性。

选择应用了精确剪裁效果的对象,单击"效果"|"精确剪裁"|"提取内容"命令,即可取消精确剪裁效果,精确剪裁的图形将恢复到原始状态。

6.5　群组操作

CorelDRAW X4 提供了群组功能，它可以将多个不同的图形对象组合在一起，以方便整体操作。对象群组后，其中的每个对象仍然保持其原始属性，移动群组对象时各个对象之间的相对位置保持不变。

除了可以选择单独的对象群组外，还可以选择已经群组的对象再进行群组操作，组内各个对象之间的相互关系不会发生改变。用户可以将对象添加到群组中，也可以将对象从群组中移除和删除。

6.5.1　群组对象

若图层中的图形对象过多，对图形对象的选择和调整操作就会变得非常复杂，这时用户可以将多个图形对象群组，这样就可以对一组对象一起进行移动、缩放和填充等操作。群组对象的具体操作步骤如下：

（1）将鼠标指针移至绘图页面中的合适位置，按住鼠标左键并拖曳，框选所有需要群组的图形对象，如图 6-77 所示。

（2）单击"排列"|"群组"命令，即可将所有选择的图形对象进行群组，效果如图6-78 所示。

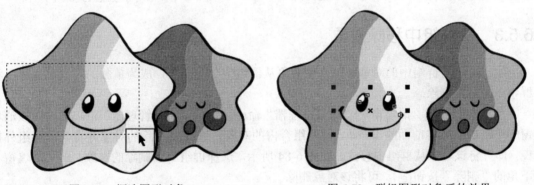

图 6-77　框选图形对象　　　　　　　　　图 6-78　群组图形对象后的效果

6.5.2　将对象添加到群组

将图形对象添加到群组中，可以通过"对象管理器"泊坞窗来实现，其具体操作步骤如下：

（1）在绘图页面中选择需要嵌入到群组中的图形对象，如图 6-79 所示。

（2）单击"窗口"|"泊坞窗"|"对象管理器"命令，打开"对象管理器"泊坞窗，选择的图形对象所在的图层呈蓝色，如图 6-80 所示。

（3）将鼠标指针移至蓝色的图层上，按住鼠标左键并将其拖曳至"49 对象群组"图层上，鼠标指针呈箭头形状，如图 6-81 所示。

（4）释放鼠标左键，"49 对象群组"图层变为"50 对象群组"图层，如图 6-82 所示。

（5）此时，在绘图页面中选择的图形对象已被嵌入到群组中，效果如图 6-83 所示。

图 6-79　选择图形对象　　　　　　　　　图 6-80　"对象管理器"泊坞窗

图 6-81　拖曳至图层　　　　图 6-82　图层变化　　　　图 6-83　图形对象被嵌入到群组中

6.5.3　从群组中移除对象

用户可以将群组中的对象移除，使对象从群组中分离出来，成为单独的对象，也可以将群组中的对象删除。

单击"窗口"|"泊坞窗"|"对象管理器"命令，弹出"对象管理器"泊坞窗，在该泊坞窗中单击群组名称前面的田按钮，展开组合内的对象，选择要移除的对象并将其向群组外拖曳，即可将该对象从群组中移除，如图 6-84 所示。选择群组中要删除的对象，单击泊坞窗右下角的"删除"按钮，可将该对象删除。

图 6-84　从群组中移除对象

6.5.4　取消群组

若不需要群组对象，可先将其选中，然后单击"排列"|"取消群组"命令或单击属性栏中的"取消群组"按钮![icon]。此方法只能取消当前所选择的一个群组。

若群组对象有 3 个或 3 个以上，只要单击属性栏中的![icon]按钮，即可将所有群组对象全部解开。若一个对象在多个群组中，可以单击"取消全部群组"按钮![icon]，或单击"排列"|"取消全部群组"命令，解开所选群组对象内的所有嵌套群组。

6.6　结合与打散操作

使用"结合"命令可以将选中的多个对象合并为一个对象，删除所选对象的重叠部分，保留不重叠的部分，对象合并后具有相同的轮廓和填充属性。若合并时的原始对象是重叠的，那么合并后的重叠区域将呈透明状态。另外，若要修改单个结合对象的属性，还可以将结合的对象进行打散。

6.6.1　结合对象

结合对象就是将多个图形对象组合在一起，类似于群组操作，但是经过合并的图形对象将失去独立性。结合对象的具体操作步骤如下：

（1）在绘图页面中选择需要合并的两只眼睛和笑脸，如图 6-85 所示。

（2）单击"排列"|"结合"命令或在其属性栏中单击"结合"按钮![icon]，即可将选择的图形合并，效果如图 6-86 所示。

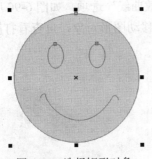

图 6-85　选择矩形对象

图 6-86　合并图形对象

6.6.2　从结合对象中提取子路径

若合并后的图形对象是曲线图形，用户可以从合并对象中将子路径提取出来。从结合对象中提取子路径的具体操作步骤如下：

（1）在绘图页面中选择合并了的图形对象，运用工具箱中的形状工具在图形上选择一个节点，如图 6-87 所示。

（2）单击工具属性栏中的"提取子路径"按钮![icon]，即可在合并的图形对象中提取子路径，如图 6-88 所示。

图 6-87　选择节点　　　　　　　　　　　图 6-88　提取子路径

专家指点

从合并对象中提取出子路径后，运用工具箱中的形状工具，用户可方便地对子路径的形状进行调整。

6.6.3　打散对象

打散的作用和结合的作用刚好相反，打散主要用来将结合在一起的对象拆开。若在结合对象后改变了对象原有的属性，那么在打散对象后将不能恢复对象原来的属性。打散对象的具体操作步骤如下：

（1）在绘图页面中选择合并了的图形对象，如图 6-89 所示。

（2）单击鼠标右键，弹出快捷菜单，选择"打散曲线"选项，如图 6-90 所示。

（3）将合并的图形对象打散后，运用挑选工具移动图形对象，可查看打散后的图形效果，如图 6-91 所示。

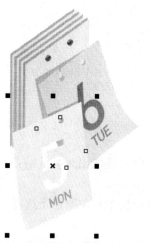

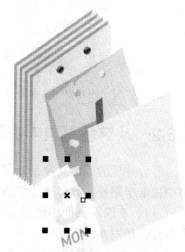

图 6-89　选择图形对象　　　图 6-90　选择"打散曲线"选项　　　图 6-91　打散后的图形效果

6.7　锁定与分离操作

对于页面中暂时不需要编辑的对象，可以将其固定在某个特定的位置，即将该对象锁定，这样就可以避免在编辑其他对象时对不需要编辑的对象进行误操作。

6.7.1　锁定对象

用户既可以锁定单个对象，也可锁定多个对象或群组后的对象，以防止对象被意外地修改和移动。在页面中选择需要锁定的一个或多个图形对象，单击"排列"|"锁定对象"命令，或者单击鼠标右键，在弹出的快捷菜单中选择"锁定对象"选项，将所选对象锁定，如图 6-92 所示。

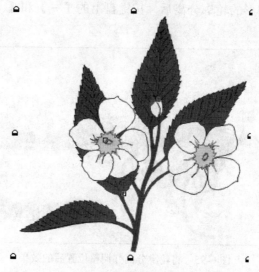

图 6-92　锁定对象

6.7.2　解锁对象

当用户需要对已经锁定的对象进行编辑时，要先对其进行解锁操作。在页面中选择需要解锁的单个对象，单击"排列"|"解除锁定对象"命令，或单击鼠标右键，在弹出的快捷菜单中选择"解除对象锁定"选项即可。

若在页面中选择需要解锁的多个对象后，单击"排列"|"解除锁定全部对象"命令，可将选择的锁定对象全部解锁。

6.7.3　分离对象轮廓

将使用绘图工具绘制的图形对象的填充区域与轮廓线分开，分别成为独立的对象，可以达到不同的创作效果。分离对象轮廓的具体操作步骤如下：

（1）在绘图页面中选择需要分离轮廓的所有正圆图形，如图 6-93 所示。

（2）单击"排列"|"将轮廓转换为对象"命令，如图 6-94 所示。

图 6-93　选择图形对象　　　　　　　　图 6-94　单击相应命令

（3）将所有正圆图形的轮廓分离后，按键盘上的【→】和【↓】键调整轮廓的位置，效果如图 6-95 所示。

图 6-95　将轮廓分离并调整位置后的效果

习题与上机操作

一、填空题

1．对齐对象的参照点可以是对象的_____或者边缘。

2．为方便用户进行修整对象造型的操作，CorelDRAW X4 提供了_____、修剪、_____、_____、移除后面对象和_____等一系列工具，使用这些工具可以将多个相互重叠的图形对象创建成一个新的图形对象。

3．通过按_____组合键，可以将选择的多个图形对象群组。

二、思考题

1．调整多个对象排列顺序的方法有哪几种？

2．如何对齐与分布对象？

3．可以使用哪几种方法修整图形对象？

4．简述群组图形对象的方法。

5．简述锁定与解锁对象的方法。

三、上机操作

1．调整图形对象的顺序，效果如图 6-96 所示。关键提示：使用挑选工具选择被隐藏的文字对象，然后单击"排列"|"顺序"|"到页面前面"命令。

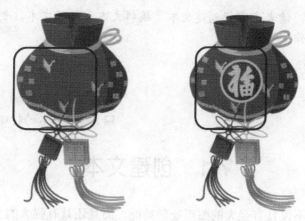

图 6-96　调整对象顺序

2．练习结合图形的操作，结合图形后的效果如图 6-97 所示。关键提示：使用挑选工具，在按住【Shift】键的同时选择要结合的多个对象，然后单击其属性栏中的"结合"按钮 。

图 6-97　结合图形对象

第 7 章 文本的编辑

本章学习目标

通过本章的学习，读者应掌握创建文本、编辑文本、转换文本、创建路径文本、创建文本的特殊效果等操作。

学习重点和难点

- 创建文本
- 编辑文本

- 创建路径文本
- 创建文本的特殊效果

7.1 创建文本

CorelDRAW X4 不仅具有强大的图形处理功能，而且还具有强大的文本输入、编辑和处理功能，用户可以使用文本工具直接创建美术字和段落文本，也可通过剪贴板复制文本，或是导入 DOC 等格式的文档。

7.1.1 创建美术字

在 CorelDRAW X4 中，美术字是被作为曲线对象来处理的，因此既可以将其作为图形对象处理，也可以将其作为文本对象来操作。美术字可以直接在绘图页面中添加，分为横排美术字和垂直美术字两种。

1．创建横排美术字

在 CorelDRAW X4 的默认情况下，创建的美术文本是横排的，用户只需在绘图页面中直接添加即可，其具体操作步骤如下：

（1）单击"文件"|"打开"命令，打开一幅素材图像，如图 7-1 所示。

（2）选择文本工具字，将鼠标指针移至绘图页面中，鼠标指针呈十字形，单击鼠标左键，绘图页面中显示一个闪烁的光标，输入文字"湖南 展"，如图 7-2 所示。

图 7-1 打开素材文件

图 7-2 输入文字

（3）在其工具属性栏中设置字体、字体大小分别为"方正大黑简体"和 140pt，并设置文本的颜色为黑色，然后运用挑选工具将文字移至合适的位置，效果如图 7-3 所示。

图 7-3　设置文字属性

2. 创建垂直美术字

选择工具箱中的文本工具后，单击工具属性栏中的"将文本更改为垂直方向"按钮▥，即可根据需要在绘图页面的合适位置添加相应的垂直美术文本。

（1）选择工具箱中的文本工具，单击其工具属性栏中的"将文本更改为垂直方向"按钮，在绘图页面的合适位置单击鼠标左键，光标呈闪烁状态，输入文字"星城购物节"，如图 7-4 所示。

（2）在其工具属性栏中设置文本的字体、字体大小分别为"方正粗倩简体"和 36pt，并将文本的颜色设置为白色，运用挑选工具将文本移至合适的位置，如图 7-5 所示。

图 7-4　输入文本对象　　　　　　　　　　图 7-5　设置文本属性

7.1.2　创建段落文本

段落文本是指在创建的文本框中输入文本，文本中的文字受文本框大小的限制，若输入的文本超过了文本框的范围，那么超出的部分将被自动隐藏起来。与美术字不同的是，段落文本只能作为文本对象被操作。创建段落文本的具体操作步骤如下：

（1）单击"文件"|"打开"命令或按【Ctrl＋O】组合键，打开一幅素材图形，如图 7-6 所示。

（2）选取工具箱中的文本工具，移动鼠标指针至页面中，在图形上按住鼠标左键并拖动以绘制一个矩形文本框，释放鼠标左键，在文本框的左上角将显示一个文本光标，如图7-7所示。

图7-6　打开的素材图形　　　　　　　　　图7-7　拖曳出的矩形文本框

（3）在其属性栏中设置字体为"文鼎 CS 大隶书"、字体大小为 26pt，在创建的矩形文本框中输入段落文本，如图7-8所示。

（4）选取工具箱中的形状工具，选择输入的文字，当所选文字周围出现控制点时，向下拖曳文本框左下角的控制点调整文字的行距，效果如图7-9所示。

图7-8　输入文字　　　　　　　　　　　图7-9　调整行距后的效果

7.1.3　通过剪贴板复制文本

用户可以将在其他文本编辑软件中编辑好的文本通过剪贴板复制到CorelDRAW X4绘图页面中，其具体操作步骤如下：

（1）单击"文件" | "打开"命令，打开一个图形文件，如图7-10所示。

（2）选取工具箱中的文本工具，在绘图页面的合适位置拖曳鼠标，创建一个段落文本框，如图 7-11 所示。

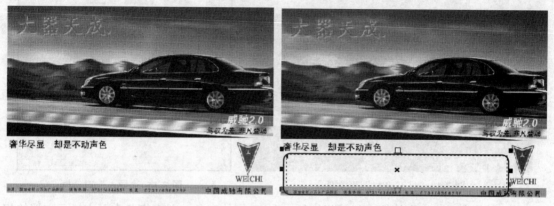

图 7-10　打开图形文件　　　　　　　　　图 7-11　创建段落文本框

（3）打开所需的 Word 文档，按【Ctrl＋A】组合键选择全部文本，按【Ctrl＋C】组合键复制文本。

（4）按【Alt＋Tab】组合键，切换到 CorelDRAW X4 编辑窗口中，单击"编辑"|"粘贴"命令或者按【Ctrl＋V】组合键，弹出"导入/粘贴文本"对话框，如图 7-12 所示。

（5）在该对话框中完成设置后，单击"确定"按钮即可将所复制的文本粘贴到段落文本框中，效果如图 7-13 所示。

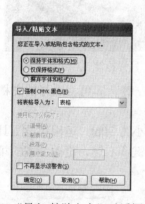

图 7-12　"导入/粘贴文本"对话框　　　　图 7-13　使用剪贴板创建段落文本

7.1.4　导入文本

若用户需要输入的文本较长，而文本本身存在于其他软件编辑的文本文件中，可以通过导入文本的方式将其添加到绘图页面中，其具体操作步骤如下：

（1）打开一个素材图形文件（如图 7-14 所示），单击"文件"|"导入"命令，弹出"导入"对话框，选择需要导入的 Word 文档，如图 7-15 所示。

（2）单击"导入"按钮，弹出"导入/粘粘文本"对话框，选中"摒弃字体和格式"单选按钮，如图 7-16 所示。

图 7-14　打开素材图形文件　　　　　　　图 7-15　"导入"对话框

（3）单击"确定"按钮，鼠标指针呈一个 90 度的直角，并在直角右下方显示文档的相关信息，如图 7-17 所示。

图 7-16　"导入/粘贴文本"对话框　　　　　图 7-17　鼠标指针

（4）将鼠标指针移至绘图页面中的合适位置，单击鼠标左键，即可将选择的文档内容导入到绘图页面中，如图 7-18 所示。

（5）在工具属性栏中设置文本的字体为"黑体"、字体大小为 30pt，运用挑选工具调整文本框的大小，然后在调色板的"白"色块上分别单击鼠标左键和右键，更改文本的填充色和轮廓色，效果如图 7-19 所示。

图 7-18　导入文本内容　　　　　　　　图 7-19　更改文本颜色

7.2 编辑文本

编辑文本可以直接在绘图页面中进行，也可以在"编辑文本"对话框中进行。对于文字较少的文本，直接在绘图页面中编辑比较方便，但是编辑起来速度比较慢；对于文字较多的文本，在"编辑文本"对话框中编辑会更加方便，速度也比较快。

7.2.1 使用属性栏设置文本

使用文本工具属性栏，可以设置选中文本对象的字体、字号、对齐方式、文本方向、首字下沉和项目符号等。选取工具箱中的文本工具，其属性栏如图 7-20 所示。

图 7-20 文本工具属性栏

该属性栏中主要选项的含义如下：

● "字体"下拉列表框 $\boxed{T\ 宋体\quad\vee}$ ：可以选择文本的字体。

● "字号大小"下拉列表框 $\boxed{24\ pt\quad\vee}$ ：可以选择字号，也可直接输入数值改变字号。

● 单击 $\boxed{B\ I\ U}$ 按钮：可以分别为文字设置加粗、斜体和加下划线等效果。图 7-21 所示即为给文本添加下划线前后的效果对比。

图 7-21 为文本添加下划线前后的效果

● "水平对齐"按钮 $\boxed{\equiv}$ ：单击该按钮，利用弹出的下拉菜单可以设置文本的对齐方式。

● "显示/隐藏项目符号"按钮 $\boxed{:=}$ ：用于显示或隐藏文本的项目符号。图 7-22 所示即为显示和隐藏项目符号的效果。

- "显示/隐藏首字下沉"按钮 ⬜：用于显示或隐藏文本首字下沉效果。
- "字符格式化"按钮 ⬜：单击该按钮，弹出"字符格式化"泊坞窗，如图 7-23 所示。在该对话框中可以设置字体、字号和对齐方式等。
- "编辑文本"按钮 ⬜：单击该按钮，弹出"编辑文本"对话框，在该对话框中可以设置文本的字体、字号和字符效果等。
- "将文本更改为水平方向"按钮 ⬜：单击该按钮，可以使竖直放置的文本水平放置。
- "将文本更改为垂直方向"按钮 ⬜：单击该按钮，可以使水平放置的文本垂直放置。

图 7-24 所示即为使水平文本垂直放置并调整其位置后的效果。

图 7-22　显示与隐藏项目符号的效果

图 7-23　"字符格式化"泊坞窗　　　　图 7-24　转换文字的排列方式

7.2.2　使用"编辑文本"对话框编辑文本

在绘图页面中输入文本后，用户还可根据需要对文本的字体、字体大小和文本颜色等属性进行设置。

选择需要修改的美术字或段落文本，单击"文本"|"编辑文本"命令或者单击其属性栏中"编辑文本"按钮，都会弹出"编辑文本"对话框，如图 7-25 所示。

图 7-25　"编辑文本"对话框

在该对话框中可以选择文本的对齐方式，系统提供了 6 种文本对齐方式，即"无"、"左"、"中"、"右"、"全部调整"和"强制调整"。图 7-26 所示即为使用各种对齐方式的文本效果。

左：使文字全部靠左侧对齐

中：使文字以中线为准对齐

右：使文字全部靠右侧对齐

全部调整：使文字两端对齐

强制调整：使文字全部分散对齐

图 7-26　对齐文本的方式

在"编辑文本"对话框中也可以设置文本的字体、字号、加粗和斜体等各选项参数。

7.2.3 手动调整美术字的大小

美术字具有矢量图形的属性，因此可作为图形对象来处理，通过拖曳美术字上的控制柄，可以调节美术字的大小。

使用挑选工具选择需要调整大小的美术字，然后拖曳美术字周围的控制柄，即可调整美术字的大小，效果如图 7-27 所示。

图 7-27　手动调节美术字的大小

7.2.4 使用形状工具调整文本

使用形状工具，除了可以调整文本的行距和字符间距外，还可以通过单击每个文字右下角的文字控制符（即每个文字右下角的小方块），来选中单个美术字，从而设置单个文字的属性，如颜色、位置和旋转角度等。

1. 调整美术字属性

利用形状工具设置美术字属性的具体操作方法如下：

（1）单击"文件"|"打开"命令，打开一幅素材图像。

（2）选取工具箱中的形状工具，按住【Shift】键的同时分别单击"魅"、"丽"文字左下角的文字控制符，此时控制符变为黑色，即表示选中了该文字，如图 7-28 所示。

（3）在其属性栏中设置字体为"方正美黑简体"、字号大小为 170pt，单击调色板中的"绿"色块，填充文本为绿色，效果如图 7-29 所示。

2. 设置字符间距和行距

使用形状工具，可以直接在绘图页面中调整字符间距和行距，其具体操作步骤如下：

（1）单击"文件"|"打开"命令，打开一个图形文件，如图 7-30 所示。

（2）使用文本工具在绘图页面的合适位置创建美术字，并设置其字体为"文鼎 CS 大黑"、字号大小为 40pt。用鼠标左键单击调色板中的"红"色块，填充文本颜色为红色；用鼠标右键单击调色板中的"白"色块，填充轮廓线颜色为白色，然后设置轮廓线"宽度"为 0.7，效果如图 7-31 所示。

图 7-28 选择美术字　　　　　　　　　图 7-29 设置美术字属性

图 7-30 打开图形文件　　　　　　　　图 7-31 创建美术字

（3）选取工具箱中的形状工具，单击美术字，此时美术字的左下角会出现控制文字行距的控制柄⬆，美术字的右下角会出现控制文字间距的控制柄⬆，如图 7-32 所示。

（4）分别拖曳控制柄⬆和⬆到合适位置，调整文本的行距和字符间距，效果如图 7-33 所示。

图 7-32 控制行距和间距的控制柄　　　　图 7-33 调整文本的行距和字符间距

选取工具箱中的形状工具，按住【Shift】键的同时单击美术字文字左下角的文字控制符，选中美术字，拖曳文字控制符或者在其属性栏中设置各参数，也可调整美术字的间距。图 7-34

所示即为调整美术字间距前后的效果。

图 7-34　调整美术字间距前后的效果

7.2.5　更改文本大小写

通过执行"文本"|"更改大小写"命令，可以将大写字母一律改成小写，或者将小写字母一律改成大写以及句首字母大写、首字母大写和大小写转换等，其具体操作步骤如下：

（1）打开素材图形文件，选择绘图页面中的文本对象，如图 7-35 所示。

（2）单击"文本"|"更改大小写"命令，弹出"改变大小写"对话框，选中"大写"单选按钮，如图 7-36 所示。

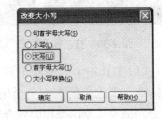

图 7-35　选择文本对象　　　　　图 7-36　"改变大小写"对话框

（3）单击"确定"按钮，即可将选择的英文文本全部更改为大写，如图 7-37 所示。

（4）在其工具属性栏中将文本的字体大小设置为 16pt，并将文本移至合适位置，效果如图 7-38 所示。

图 7-37　将英文文本更改为大写　　　　　图 7-38　设置文本字体大小

7.2.6　查找与替换文本

在 CorelDRAW X4 绘图页面中，不论是美术字，还是段落文本，都可以对其进行文本查找，既可以查找单个字符，也可以查找若干个连续的字符，还可对查找到的文本进行替换。

1.　查找文本

在 CorelDRAW X4 中，运用"查找文本"命令可以搜索特定的文本字符和具有特定属性的文本对象，其具体操作步骤如下：

（1）打开一个素材图形文件，如图 7-39 所示。

（2）单击"编辑"|"查找和替换"|"查找文本"命令，弹出"查找下一个"对话框，在"查找"下拉列表框中输入 happy，如图 7-40 所示。

（3）单击"查找下一个"按钮，即可查找到绘图页面中的 happy 文本，如图 7-41 所示。

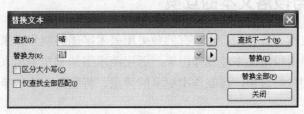

图 7-39　打开素材图形　　　　　图 7-40　"查找下一个"对话框　　　　　图 7-41　查找文本

2.　替换文本

如果需要对整篇文章中的一个词进行修改，但不知道这个词到底出现了几次，更不知道这个词具体出现在什么位置，此时就可以利用替换功能来对其进行替换。

（1）使用文本工具选择段落文本，按【Ctrl＋Home】组合键，将插入点定位到文本的最前面。

（2）单击"编辑"|"查找与替换"|"替换文本"命令，弹出"替换文本"对话框。在"替换文本"对话框的"查找"下拉列表框中输入"晴"字，在"替换为"下拉列表框中输入"情"字，如图 7-42 所示。

图 7-42　"替换文本"对话框

（3）单击"查找下一个"按钮，即可查找到第一个"晴"字，如图 7-43 所示。

（4）单击"替换"按钮，即可对所查找到的内容进行替换，如图 7-44 所示，并默认自动查找下一处内容。

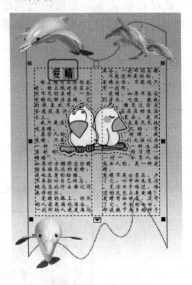
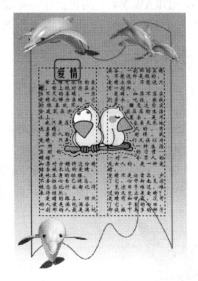

图 7-43　查找文字　　　　　　　　　图 7-44　替换文字并默认查找下一处

（5）若用户不需要替换当前内容，则单击"查找下一个"按钮，系统会自动查找下一个"晴"字；当文本中不再有"晴"字时，将会弹出一个提示信息框，如图 7-45 所示，说明查找完成，单击"确定"按钮即可。

图 7-45　"查找并替换"提示信息框

7.3　转换文本

在 CorelDRAW X4 中，可以将美术字转换为段落文本，也可以将段落文本转换为美术字，还可以将美术字转换为曲线，作为曲线图形进行编辑。

7.3.1　美术字与段落文本的互换

美术字和段落文本有各自的特点。有的效果用美术字能够制作出来，而用段落文本却制作不出来；有的效果用段落文本能制作出来，而用美术字却制作不出来，因此有时需要在美术字与段落文本之间进行转换，以制作出更多的效果。将段落文本转换为美术字的具体操作步骤如下：

（1）在绘图页面中选择需要转换为段落文本的美术文本，单击鼠标右键，弹出快捷菜单，选择"转换到美术字"选项，如图 7-46 所示。

（2）即可将选择的段落文本转换为美术字，如图 7-47 所示。

图 7-46　选择"转换到美术字"选项　　　　　图 7-47　将段落文本转换为美术字

将美术字转换为段落文本的方法与将段落文本转换为美术字的方法类似，这里不再具体介绍。

7.3.2　将美术字转换为曲线

将美术字转换为曲线后，外形上虽无区别，但其属性发生了根本性的变化，不再具有文本的任何属性，而是具有了曲线的全部属性。通过删除或增加节点、拖曳节点位置、将节点间的线段进行曲直变化等一系列操作，可以达到改变美术字文本形态的目的。将文本转换为曲线的具体操作步骤如下：

（1）在绘图页面中选择需要转换为曲线的文本对象，如图 7-48 所示。

（2）单击鼠标右键，在弹出的快捷菜单中选择"转换为曲线"选项，如图 7-49 所示，即可将选择的文本对象转换为曲线。

（3）运用工具箱中的形状工具来调整曲线文本的形状，效果如图 7-50 所示。

图 7-48　选择文本对象

图 7-49　选择"转换为曲线"选项

图 7-50　调整曲线文本形状的效果

7.4　创建路径文本

在 CorelDRAW X4 中，可以让文本既不水平排列，也不垂直排列，而是围绕着一条曲线排列，这就是文本路径效果。

7.4.1　文本适合曲线路径

在 CorelDRAW X4 中，可以将美术字文本沿指定的开放路径排列，还可以设置文字排列的方式、文字的走向及位置。该功能只适用于美术字。

选择美术字和曲线，单击"文本"|"使文本适合路径"命令，即可将美术字围绕曲线路径排列，其具体操作步骤如下：

（1）单击"文件"|"打开"命令，打开一个图形文件，如图 7-51 所示。

（2）选取工具箱中的贝塞尔工具，在页面中的合适位置绘制曲线，效果如图 7-52 所示。

（3）选取工具箱中的文本工具，单击其属性栏中的"将文本更改为垂直方向"按钮，在页面中的合适位置创建垂直排列的美术字，并在其属性栏中设置字体为"华文行楷"、字号大小为 185pt；单击调色板中的"黄"色块，填充文本颜色为黄色，效果如图 7-53 所示。

图 7-51　打开图形文件

图 7-52　绘制曲线

图 7-53　创建美术字

（4）选择工具箱中的文本工具，选择文字"新"，在其工具属性栏中设置字号大小为305pt，单击调色板中的"红"色块，将其填充为红色，效果如图 7-54 所示。

（5）选取工具箱中的挑选工具，按住【Shift】键的同时选择美术字和曲线，单击"文本"|"使文本适合路径"命令，即可将文字沿曲线排列，如图 7-55 所示。

（6）按小键盘上的【＋】键复制路径文本，再按【Ctrl＋PageDown】组合键，将复制的路径文本后移一位，然后单击调色板中的"白"色块，将复制的路径文本填充为白色。使用方向键微移复制文本的位置，制作路径文本的阴影效果，如图 7-56 所示。

图 7-54　更改文本属性

图 7-55　使文本适合路径

图 7-56　文本路径阴影效果

（7）使用选择工具选择创建的美术字，按住鼠标右键将美术字拖曳到曲线上，当鼠标指针呈⊕字形状（如图 7-57 所示）时，释放鼠标右键，在弹出的快捷菜单中选择"使文本适合路径"选项，选中的美术字文本即沿路径排列，如图 7-58 所示。

图 7-57　鼠标指针形状

图 7-58　美术字沿路径排列

7.4.2　使文本适合闭合路径

用户可以使文本适合各种闭合路径，如多边形、椭圆、完美形状和矩形等，该功能适用于段落文本。

1. 直接将文本填入闭合对象中

选取工具箱中的文本工具，将鼠标指针移至闭合曲线图形上靠近节点的位置，当鼠标指针呈（图7-59所示）的形状时，单击鼠标左键确定插入点，并在其属性栏中分别设置文本的字体和字号，然后在闭合的路径中输入文字即可，如图7-60所示。

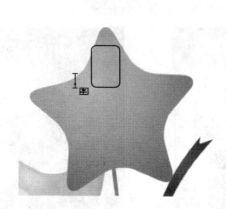

图 7-59　鼠标指针形状　　　　　　　图 7-60　在图形中输入文字

2. 用鼠标将文本填入闭合对象中

用户还可以利用鼠标将已有文本填入闭合对象中，其具体操作步骤如下：

（1）单击"文件"|"打开"命令，打开一个图形文件，如图7-61所示。

（2）选取工具箱中的文本工具，在绘图页面的合适位置输入段落文本，并在其属性栏中设置字体为"华文行楷"、字号大小为14pt，效果如图7-62所示。

图 7-61　打开图形文件　　　　　　　图 7-62　输入段落文本

（3）在段落文本上按住鼠标右键，拖动段落文本至曲线图形上，此时鼠标指针呈图7-63所示的形状。

（4）释放鼠标右键，在弹出的快捷菜单中选择"内置文本"选项，即可将美术字填入闭合路径中，效果如图7-64所示。

图 7-63　鼠标指针形状　　　　　图 7-64　将文本填入闭合路径后的效果

7.4.3　编辑文本路径

将文本适合路径后，往往会有很多令人不满意的地方，这时可以通过属性栏来设置文本的样式，使用形状工具编辑路径的形状。

1. 运用属性栏编辑

将文本适合路径后，用户可以通过其属性栏对文本及其路径的属性进行编辑，包括设置文本的方向以及文本与路径之间的距离等。文本路径的属性栏如图 7-65 所示。

图 7-65　文本路径属性栏

该属性栏中主要选项的含义如下：

● "文本方向"下拉列表框 ：单击此下拉列表框中的下拉按钮，在弹出的下拉列表中可以选择文本方向预设选项，并可以设置其他选项参数。图 7-66 所示即为改变文本方向前后的效果。

图 7-66　改变文本方向前后的效果

● "与路径距离"数值框 ：在其中输入相应的数值，按【Enter】键可以更改文本与路径之间的距离，如图 7-67 所示。

图 7-67　更改文本与路径之间的距离

● "水平偏移"数值框 .0 mm：在其中输入相应的数值，按【Enter】键可以精确设置文本的位置，如图 7-68 所示。

图 7-68　调整文本位置

● "水平镜像"按钮 和"垂直镜像"按钮 ：用以设置文本的水平镜像和垂直镜像。图 7-69 所示即为对文本进行水平镜像和垂直镜像后的效果。

图 7-69　镜像文本后的效果

若对文本的原始设置不满意，用户还可以在该属性栏中重新设置字体、字号、加粗、斜体和文字格式等参数。

2. 编辑路径形状

若对绘制的路径不满意，可以再对其进行编辑。选择文本路径，选取工具箱中的形状工

具，单击其路径，通过移动路径周围的节点或节点两端的控制柄即可编辑选择的路径。图 7-70
所示即为编辑路径后的效果。

图 7-70　编辑路径后效果

7.4.4　分离文本路径

　　文本适合路径后，文本与路径是一个整体，移动路径，文本就会跟着一起移动；反之，
移动文本，路径也会跟着一起移动。但是在平面设计作品中，通常是不需要显示路径的，此
时，用户可以将文本与路径分离。分离文本路径的具体操作方法如下：

　　（1）单击"文件"｜"打开"命令，打开一个图形文件，然后使用挑选工具选择文本与
路径图形，如图 7-71 所示。

　　（2）单击"排列"｜"打散在一路径上的文字"命令或者按【Ctrl＋K】组合键，即可将
路径与文本拆分，如图 7-72 所示。

　　（3）选择拆分后的文本，单击"文本"｜"矫正文本"命令，即可将沿路径排列的文本
恢复至原状态，效果如图 7-73 所示。

图 7-71　选择文本与路径　　　　图 7-72　拆分文本与路径　　　　图 7-73　矫正文本

7.5 文本的特殊效果

CorelDRAW X4 不仅绘图功能强大，而且编辑文字和排版的功能也很强大，用户可根据需要添加文本封套效果、设置段落文本分栏和环绕效果以及插入特殊字符等。

7.5.1 添加文本封套效果

在 CorelDRAW X4 中，若想任意改变和控制创建的美术字或段落文本的大小与形状，最好的方式就是使用文本封套效果。添加文本封套效果的具体操作方法如下：

（1）单击"文件"|"打开"命令，打开一个图形文件，如图 7-74 所示。

（2）单击"文件"|"导入"命令，导入段落文本，在其属性栏中设置字体为"华文行楷"、字号大小为 24pt、对齐方式为"居中"，单击调色板中的"洋红"色块，填充文本颜色为洋红色，效果如图 7-75 所示。

图 7-74 打开图形文件

图 7-75 导入段落文本并设置其属性后的效果

（3）选择段落文本，单击"窗口"|"泊坞窗"|"封套"命令或者按【Ctrl＋F7】组合键，弹出"封套"泊坞窗，如图 7-76 所示。

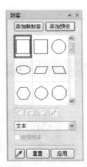

图 7-76 "封套"泊坞窗

（4）若要使用系统内置的封套效果，可以单击"添加预设"按钮，然后从预设封套样式列表框中选择所需的封套样式。

（5）单击"应用"按钮，即可将该封套样式应用到所选择的文本框上，如图 7-77 所示。

（6）选取工具箱中的挑选工具，选择应用了封套的文本对象，拖曳文本框上的节点即可改变封套文本框的形状，效果如图 7-78 所示。

图 7-77　添加封套效果

图 7-78　改变封套形状（一）

（7）若要自定义封套，可选择段落文本，然后单击"封套"泊坞窗中的"添加新封套"按钮，文本框轮廓线将变成蓝色的虚线，并显示 8 个控制节点，如图 7-79 所示。

（8）单击"封套"泊坞窗中的"双弧"按钮 ⬚ ，将鼠标指针移至文本框的节点上，当鼠标指针呈 ⬚ 形状时，按住鼠标左键并向上拖动鼠标，即可改变封套的形状，如图 7-80 所示。

图 7-79　添加封套

图 7-80　改变封套形状（二）

在"封套"泊坞窗中，还可以通过单击"直线条"、"单弧"或"无约束的"按钮来调整封套形状。

7.5.2　设置段落文本属性

在 CorelDRAW X4 中，文本编排的默认方式是沿水平方向排列。使用文本工具属性栏或"文本"菜单命令，可以改变已经创建的文本或输入的文本围绕图形对象进行排列的方式，并可以设置首字下沉、分栏和添加项目符号等效果。

1. 设置段落文本首字下沉

在段落文本中应用首字下沉可以放大首字，通过更改设置可以自定义首字下沉的格式，其具体操作步骤如下：

（1）打开一个素材图形文件，选择绘图页面中的段落文本对象，如图 7-81 所示。

（2）单击"文本"|"首字下沉"命令，弹出"首字下沉"对话框，选中"使用首字下沉"复选框，如图 7-82 所示。

（3）单击"确定"按钮，即可设置文本首字下沉，效果如图 7-83 所示。

图 7-81　选择段落文本　　　　图 7-82　"首字下沉"对话框　　　　图 7-83　文本首字下沉

2. 设置文本分栏效果

运用 CorelDRAW X4 中的分栏命令，可以灵活地对段落文本进行分栏排列，其具体操作步骤如下：

（1）在绘图页面中选择段落文本对象，如图 7-84 所示。

（2）单击"文本"|"栏"命令，弹出"栏设置"对话框，在"栏数"数值框中输入 2，如图 7-85 所示。

（3）单击"确定"按钮，即可将文本分成两栏，效果如图 7-86 所示。

图 7-84　选择文本对象

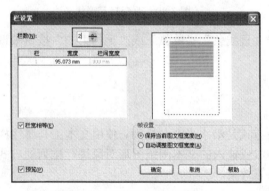

图 7-85　"栏设置"对话框

图 7-86　将文本分栏

3. 连接文本框

连接文本框就是将一个文本框中无法显示的文字连接至另一个文本框中，使无法显示的文字自动流向新的文本框中。

选择若干段落文本，并使文本框无法一次显示全部文字，单击文本框下方的中间控制点 ▣，等光标变成横格纸形状 ▤ 后，在页面中的适当位置按住鼠标左键并拖动以绘制一个矩形文本框，释放鼠标左键后，未显示的文字将自动流向新绘制的矩形框中，如图 7-87 所示。

图 7-87　连接文本框

7.5.3　插入符号和图形对象

在 CorelDRAW 中提供了大量的符号，符号是一种特殊的字符，它可以作为图形或字符添加到页面中，还可以将创建的图形对象插入到文本中，这样可以使图文的编排更加灵活，内容更加丰富。

1.　插入符号

用户可以将符号对象添加到文本中，从而实现一些特殊的编排效果。CorelDRAW X4 提供了大量精美的符号，可通过"插入字符"泊坞窗进行设置，其具体操作步骤如下：

（1）在页面中选择一个段落文本，在需要插入符号的位置单击鼠标左键，此时出现闪烁的光标，单击"文本"|"插入符号字符"命令，弹出"插入字符"泊坞窗，如图 7-88 所示。

（2）在该泊坞窗的预览框中选择需要插入的符号，在"字符大小"数值框设置插入符号的大小，然后单击"确定"按钮即可将所选符号插入到文本中，如图 7-89 所示。

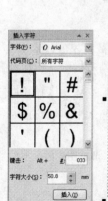

图 7-88　"插入字符"泊坞窗

图 7-89　在文本中插入字符

在图形中加入外部参照后，用户还可根据需要，利用"外部参照"窗格来删除、更新或卸载外部参照。

2. 插入图形

用户可在美术文字或段落文本中插入图形对象，这些对象既可以是简单的线条，也可以是复杂的图形，其具体操作步骤如下：

（1）在页面中输入段落文本，如图 7-90 所示。

（2）单击"文件"|"打开"命令或按【Ctrl＋O】组合键，打开一幅素材图形，如图 7-91 所示。

图 7-90　输入段落文本　　　　　　　　图 7-91　打开素材图形

（3）确定打开的素材图形为选中状态，单击"编辑"|"复制"命令或按【Ctrl＋C】组合键，复制选中的图形。

（4）确定段落文本为选中状态，选取工具箱中的文本工具，移动鼠标指针至页面中，在文本的首行单击鼠标左键，确定插入点，此时光标的形状如图 7-92 所示。

（5）单击"编辑"|"粘贴"命令或按【Ctrl＋V】组合键，粘贴所复制的图形，效果如图 7-93 所示。

（6）使用文本工具选中粘贴的图形对象，在其属性栏中设置字体大小为 100pt，效果如图 7-94 所示。

图 7-92　光标形状　　　　　图 7-93　插入复制的图形　　　　　图 7-94　调整图形的大小

3. 文本绕图排列

文本环绕图形的排列方式被广泛地应用于报纸、杂志等版面设计中。在 CorelDRAW 中，文本可以围绕图形对象的轮廓进行排列，从而实现图文混排，增加图形的视觉效果。

（1）单击"文件"|"导入"命令或按【Ctrl＋I】组合键，导入一幅素材图像，如图 7-95 所示。

（2）选取工具箱中的挑选工具，选择导入的素材图像，单击"窗口"|"泊坞窗"|"属性"命令，弹出"对象属性"泊坞窗。

（3）在"对象属性"泊坞窗中单击"常规"按钮，设置"段落文本换行"为"轮廓图从左向右排列"、"文本换行偏移"为 3.5mm，如图 7-96 所示。

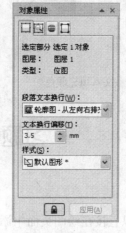

　　图 7-95　导入素材图像　　　　图 7-96　"对象属性"泊坞窗

（4）选取工具箱中的文本工具，移动鼠标指针至页面中，按住鼠标左键在图像的外侧拖动鼠标，绘制一个段落文本框，如图 7-97 所示。

（5）在其属性栏中设置字体为"华文行楷"、字体大小为 24pt，在文本框中输入文本，这些文字就会按照所选的样式环绕在图像的周围，如图 7-98 所示。

（6）使用文本工具选中输入的文本，单击调色板中的"浅绿"色块，对文本填充颜色，效果如图 7-99 所示。

（7）确定文本为选中状态，单击其属性栏中的"显示/隐藏首字下沉"按钮，首字下沉的效果如图 7-100 所示。

　　图 7-97　绘制段落文本框　　　　　　　图 7-98　输入文本

图 7-99　文本填充颜色　　　　　　　　　图 7-100　首字下沉效果

习题与上机操作

一、填空题

1. 美术字可以直接在绘图页面中添加，分为_____和垂直美术字两种。
2. 文本适合曲线路径效果只适用于_____，不适用于段落文本。

二、思考题

1. 在 CorelDRAW X4 中，可以通过哪几种方法输入文字？
2. 如何创建文本适合路径效果？
3. 怎样给文本添加封套效果？
4. 简述更改文本大小写的方法。

三、上机操作

1. 使用文本工具，创建如图 7-101 所示的广告文字效果。

关键提示：

（1）选取工具箱中的文本工具，输入美术字，在其属性栏中设置字号大小为 60pt、轮廓宽度为 4，并设置其颜色为白色。

（2）选取工具箱中的形状工具，选择文字"丽"，填充其颜色为红色（CMYK 参考值分别为 0、100、100、0）；选择文字"·质"，填充其颜色为蓝色（CMYK 参考值分别为 100、0、0、0）。

2. 使用文本工具，制作如图 7-102 所示的 DM 广告。

关键提示：

（1）单击"文件"|"打开"命令，打开一幅 DM 素材图形。

（2）选取工具箱中的文本工具，在其属性栏中单击"将文本更改为垂直方向"按钮，在绘图页面中的合适位置绘制文本框，输入竖排文本，在其属性栏中设置其字体为"华文行楷"、字号大小为 20pt，并设置其字体颜色为白色。

图 7-101　创建美术字

图 7-102　DM 广告

第8章 位图图像的处理

通过本章的学习，读者应了解常见的位图颜色模式，掌握矢量图和位图的转换、位图图像颜色的调整、编辑位图等操作。

- 矢量图和位图的转换
- 常见的位图颜色模式
- 调整位图图像颜色
- 旋转位图
- 裁剪位图
- 重新取样位图
- 扩充位图边框

8.1 矢量图和位图的转换

在 CorelDRAW 中，除了可以从外部获取位图图像外，还可以通过执行 CorelDRAW 中的相关命令将矢量图形转换成位图图像，也可以将位图图像转换为矢量图形，然后进行编辑处理。

8.1.1 将矢量图转换成位图

在 CorelDRAW 中，用户可以将自己绘制或导入的矢量图形转换为位图图像，以便于对矢量图应用各种位图的效果。将矢量图转换成位图的具体操作步骤如下：

（1）单击"文件"|"导入"命令或按【Ctrl+I】组合键，导入一幅矢量图，如图 8-1 所示。

（2）确认导入的矢量图形为选中状态，单击"位图"|"转换为位图"命令，弹出"转换为位图"对话框，设置"分辨率"为 72dpi、"颜色模式"为"RGB 颜色（24 位）"，如图 8-2 所示。

（3）单击"确定"按钮，即可将矢量图形转换为位图图像，效果如图 8-3 所示。

图 8-1 导入矢量图形　　图 8-2 "转换为位图"对话框　　图 8-3 转换后的图像效果

在"转换为位图"对话框中各主要选项的含义如下：

- 分辨率：在该下拉列表框中可以选择矢量图转换为位图后的分辨率。
- 颜色模式：在该下拉列表框中可以选择矢量图转换为位图后的颜色模式。
- 递色处理的：选中该复选框，转换后的位图图像不会出现抖动现象。
- 应用 ICC 预置文件：选中该复选框，可以应用当前的 ICC 预置文件将矢量图形转换为位图图像。
- 光滑处理：选中该复选框，转换后的位图图像没有锯齿现象，否则会有明显的锯齿。
- 透明背景：选中该复选框，转换后的位图图像使用透明背景。

8.1.2　将位图转换为矢量图

在 CorelDRAW 中，可以将位图图像转换为矢量图形，然后进行编辑处理。在 CorelDRAW 的软件包中有一个 PowerTRACE 应用程序，使用该程序可以将位图图像转换为矢量图形。

要将位图图像转换为矢量图形，首先在页面中选择需要转换的位图，单击"位图"|"轮廓描摹"|"高质量图像"命令，弹出如图 8-4 所示的窗口。在该窗口中根据需要设置相应的参数，然后单击"确定"按钮，即可将位图图像转换为矢量图形。

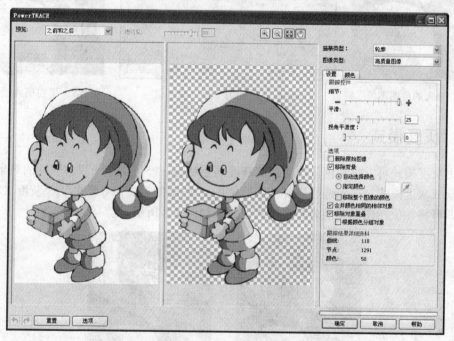

图 8-4　PowerTRACE 窗口

8.2　位图颜色模式

使用不同的颜色模式可得到不同的图像效果，而不同的颜色模式适用于不同的场合。用户若要重新定义位图的色彩模式，可以单击"位图"|"模式"命令，在该命令下有 8 种颜色模式供用户选择。

8.2.1 黑白模式

制作黑白图像的具体操作步骤如下：

（1）单击"文件"|"导入"命令或按【Ctrl＋I】组合键，导入一幅位图图像，如图 8-5 所示。

（2）确定导入的图像为选中状态，单击"位图"|"模式"|"黑白（1位）"命令，弹出"转换为 1 位"对话框，设置"转换方法"为"半色调"、"屏幕类型"为"方形"、角度为 45 度，如图 8-6 所示。

（3）单击"确定"按钮，即可将位图转换为黑白模式，效果如图 8-7 所示。

图 8-5 导入的位图图像　　　　图 8-6 "转换为 1 位"对话框　　　　图 8-7 黑白模式效果图

8.2.2 灰度模式

使用灰度模式可以将彩色位图转换成灰度显示状态，产生类似于黑白照片的效果。要将位图转换成灰度模式，首先选择需要转换的位图，单击"位图"|"模式"|"灰度（8位）"命令，即可将该位图图像转换为灰度模式，效果如图 8-8 所示。

图 8-8 转换成灰度模式

8.2.3 双色模式

使用双色模式可以将位图转换为 8 位双色套印的彩色位图。单击"位图"|"模式"|"双

色（8 位）"命令，弹出"双色调"对话框，如图 8-9 所示。

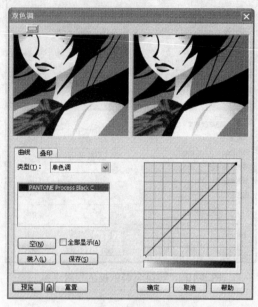

图 8-9 "双色调"对话框

该对话框中各主要选项的含义如下：

● 类型：在该下拉列表框中有单色调、双色调、三色调及四色调 4 种颜色类型，选择不同的类型并调节颜色曲线，可以得到不同的位图图像效果。单色调主要由黑、白两种颜色构成；双色调是用两种颜色创建图像；三色调是用 3 种颜色创建图像，也就是在双色调的基础上添加一种颜色；四色调用 4 种颜色创建位图。

● 装入：当选择"双色调"类型时，除了可以在颜色调节框中调节颜色外，还可以载入系统提供的双色位图样式。

● 保存：单击该按钮，弹出"保存双色调文件"对话框，在"文件名"文本框中输入文件名称，单击"保存"按钮即可保存文件。

8.2.4 调色板模式

在调色板模式中可以使用 256 种颜色来保存和显示位图，将复杂的图像转换成调色板模式可以减小文件的大小。在页面中选择一幅位图图像，单击"位图"|"模式"|"调色板（8位）"命令，弹出"转换至调色板色"对话框，如图 8-10 所示。

该对话框中各主要选项的含义如下：

● 平滑：拖动该滑块可以设置位图色彩的平滑程度。

● 调色板：在该下拉列表框中可以选择调色板的类型。

● 递色处理的：在该下拉列表框中可以选择底色的类型。

● 抵色强度：拖动该滑块可以设置位图底色的抖动程度。

● 颜色：该数值框用于控制色彩数。

● 预设：在该下拉列表框中可以选择预设的效果。

图 8-10 "转换至调色板色"对话框

8.2.5 RGB 模式

RGB 模式是计算机显示器用来显示颜色的模式，它是由红、绿、蓝三原色混合而形成的颜色模式。

8.2.6 Lab 模式

Lab 模式所包含的颜色很广泛，它包含了 RGB 模式和 CMYK 模式的颜色。

8.2.7 CMYK 模式

CMYK 颜色模式是印刷、打印时用的标准颜色模式，该模式的颜色由青色、洋红色、黄色和黑色 4 种颜色混合而成。

CMYK 颜色模式与 RGB 颜色模式的原色不同，所以 CMYK 模式转换为 RGB 模式时会有明显的变化，并且是无法恢复的。

8.2.8 应用 ICC 预置文件

单击"位图"|"模式"|"应用 ICC 预置文件"命令，弹出"应用 ICC 预置文件"对话框，如图 8-11 所示。在"转换图像自"下拉列表框中可以选择 ICC 标准颜色的类型，单击"确定"按钮即可应用预置文件。

图 8-11 "应用 ICC 预置文件"对话框

8.3　调整位图图像颜色

为了使图像能够更加逼真地反映出事物的原貌，经常需要对图像进行再调整处理。由于不经过色彩调整很难将一张彩色的原始照片或扫描的彩色图片转换为一幅较为完美的图像，因此在整个图像的编辑过程中，色彩与色调的调整起着举足轻重的作用。若要对位图图像的颜色进行调整，单击"效果"|"调整"命令下的子菜单命令即可。

8.3.1　高反差

高反差是指通过调整图像的色阶来增强图像的对比度，使用"高反差"命令可以对图像中的某一种色调进行精确调整。调整图像对比度的具体操作步骤如下：

（1）单击"文件"|"导入"命令或按【Ctrl＋I】组合键，导入一幅位图图像，如图 8-12 所示。

（2）确定导入的图像为选中状态，单击"效果"|"调整"|"高反差"命令，弹出"高反差"对话框，选中最上方的白色滴管工具，移动鼠标指针至图像上并单击，即可设置图像的亮调，效果如图 8-13 所示。

图 8-12　导入的位图

图 8-13　设置亮调后的效果

（3）选中"自动调整"复选框，设置"伽玛值调整"为 2.58，如图 8-14 所示。

（4）单击"预览"按钮，可在页面中预览调整的效果，单击"确定"按钮即可调整图像的对比度，效果如图 8-15 所示。

"高反差"对话框中各主要选项的含义如下：

● 黑色滴管工具 ：选中该工具，移动鼠标指针至图像上单击，可以设置图像的暗调。

● 白色滴管工具 ：选中该工具，移动鼠标指针至图像上单击，可以设置图像的亮调。

● 滴管取样：该选项区用于设置滴管工具的取样类别。

● 色频：该选项区用于设置需要调整色彩的通道。若选中"自动调整"复选框，将自动地对所选择的色彩通道进行调整；若单击"选项"按钮，可在弹出的"自动调整范围"对话框中设置自动调整的色调范围。

● 柱状图显示剪裁：该选项区用于设置色调柱状图的显示。

● 输入值剪裁：该选项左侧的数值框用于设置图像的最暗处，右侧的数值框用于设置图像的最亮处。

● 伽玛值调整：拖曳滑块或在数值框中输入数值，可以调整图像细节。

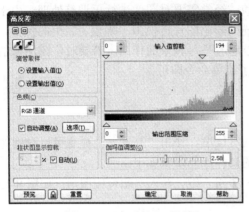

图 8-14 "高反差"对话框

图 8-15 调整对比度后的效果

8.3.2 局部平衡

"局部平衡"命令用于对图像各个区域的色阶进行平衡处理。执行该命令后，系统将自动对所设置区域的色阶进行调整。调整图像色阶的具体操作步骤如下：

（1）单击"文件"|"导入"命令或按【Ctrl＋I】组合键，导入一幅位图图像，如图 8-16 所示。

（2）确定导入的图像为选中状态，单击"效果"|"调整"|"局部平衡"命令，弹出"局部平衡"对话框，单击对话框最上方左侧的按钮，展开图像预览，设置"宽度"与"高度"均为 210，单击"预览"按钮，预览图像效果如图 8-17 所示。

图 8-16 导入的位图

（3）单击"确定"按钮，即可调整图像的色阶，效果如图 8-18 所示。

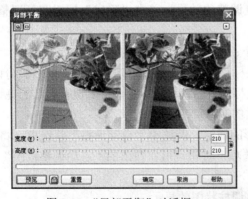

图 8-17 "局部平衡"对话框

图 8-18 调整色阶后的效果

8.3.3　取样/目标平衡

"取样/目标平衡"命令只适用于位图，可以用从图像自身获取的样本颜色调整整幅图像的颜色，也可以通过通道中的红色通道、绿色通道或蓝色通道来对图像进行单个通道的调整。设置图像取样/目标平衡的具体操作步骤如下：

（1）打开一个素材图形文件（如图 8-19 所示），运用挑选工具选择绘图页面中的位图图像，然后单击"效果"|"调整"|"取样/目标平衡"命令，弹出"样本/目标平衡"对话框，如图 8-20 所示。

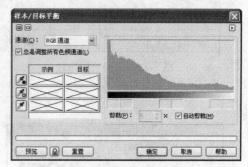

图 8-19　打开图形文件　　　　　　　　图 8-20　"样本/目标平衡"对话框

（2）单击对话框左上角的小方形按钮▣，展开对话框的预览窗口，如图 8-21 所示。

（3）单击对话框左侧的黑色滴管按钮，然后将鼠标指针移至预览窗口的合适位置，如图 8-22 所示。

（4）单击鼠标左键，即可在对话框的"示例"和"目标"列表中显示取样颜色，如图 8-23 所示。

图 8-21　展开预览窗口

（5）单击"目标"列表中的暗红色块，弹出"选择颜色"对话框，在其中设置目标颜色值，如图 8-24 所示。

（6）单击"确定"按钮，返回到"样本/目标平衡"对话框，目标颜色更改为新设置的颜色，效果如图 8-25 所示。

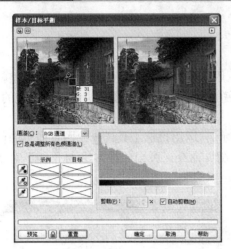

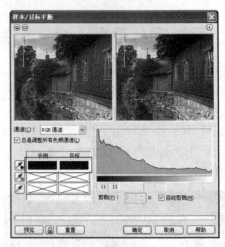

图 8-22　定位鼠标指针　　　　　　　　　图 8-23　显示取样颜色

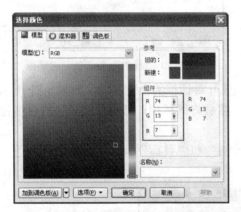

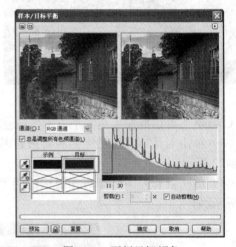

图 8-24　"选择颜色"对话框　　　　　　图 8-25　更新目标颜色

（7）用与上述相同的方法，设置其他的示例颜色和目标颜色，如图 8-26 所示。

（8）单击"确定"按钮，即可完成图像取样/目标平衡的调整，效果如图 8-27 所示。

图 8-26　设置其他颜色　　　　　　　　图 8-27　调整图像取样/目标平衡后的效果

8.3.4　调合曲线

"调合曲线"命令通过控制像素值来精确地校正颜色，通过更改像素亮度值，可以更改阴影、中间色调和高光，其具体操作方法如下：

（1）打开一个素材图形文件，如图 8-28 所示。

（2）选择绘图页面中的位图图像，单击"效果"|"调整"|"调合曲线"命令，弹出"调合曲线"对话框，如图 8-29 所示。

（3）单击对话框左上角的按钮，展开预览窗口，然后将鼠标指针移至曲线上方，鼠标指针呈十字形，如图 8-30 所示。

（4）单击鼠标左键，即可在曲线上添加一个节点，并调整曲线的弯曲程度，如图 8-31 所示。

图 8-28　打开图形文件

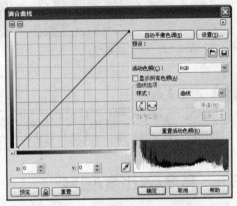

图 8-29　"调合曲线"对话框

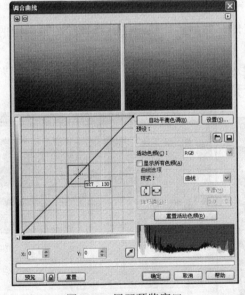

图 8-30　展开预览窗口

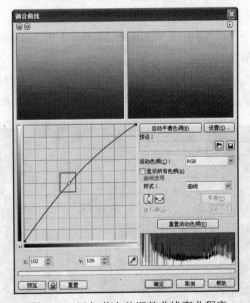

图 8-31　添加节点并调整曲线弯曲程度

（5）用与上述相同的方法，在曲线上添加另外 3 个节点，并适当调整曲线的弯曲程度

（如图 8-32 所示），单击"确定"按钮即可调整图像的颜色，效果如图 8-33 所示。

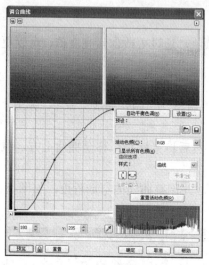

图 8-32　添加其他节点

图 8-33　调整图像颜色后的效果

专家指点

在"调合曲线"对话框的"样式"下拉列表框中，用户可以选择曲线、直线、手绘和伽玛值等样式，然后通过拖曳鼠标调整曲线的弯曲程度。

8.3.5　亮度/对比度/强度

对图像的亮度/对比度/强度进行调整，是通过改变 HSB 的值来实现的，其具体操作步骤如下：

（1）打开一个如图 8-34 所示的素材图形文件，然后运用挑选工具选择绘图页面中的位图图像。

（2）单击"效果"|"调整"|"亮度/对比度/强度"命令，弹出"亮度/对比度/强度"对话框，单击该对话框左上角的小矩形按钮，展开预览窗口，如图 8-35 所示。

图 8-34　打开图形文件

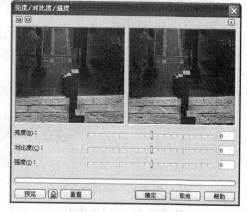

图 8-35　展开预览窗口

（3）分别设置"亮度"、"对比度"和"强度"的值为 20、10、10，单击"确定"按钮更改图像的亮度、对比度和强度，效果如图 8-36 所示。

图 8-36　调整图像亮度/对比度/强度后的效果

8.3.6　颜色平衡

颜色平衡的范围包括阴影、中间色调、高光和保持亮度，通过对位图图像色彩的控制，改变图像颜色的混合效果，从而使图像的整体色彩趋于平衡。调整图像颜色平衡的具体操作步骤如下：

（1）单击"文件"|"打开"命令，打开一个素材图像文件，如图 8-37 所示。

（2）选择位图图像，然后单击"效果"|"调整"|"颜色平衡"命令，弹出"颜色平衡"对话框，单击该对话框左上角的小矩形按钮，展开预览窗口，如图 8-38 所示。

图 8-37　打开图像文件

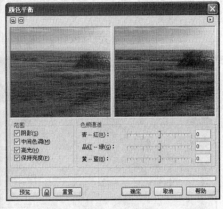

图 8-38　展开预览窗口

（3）在"色频通道"选项区中设置各项参数，单击"确定"按钮，即可完成颜色平衡的调整，效果如图 8-39 所示。

图 8-39　调整颜色平衡后的效果

8.3.7　调整伽玛值

　　执行"伽玛值"命令能够对图像整体的阴影和高光进行调整，特别对低对比度图像中的细节有较大的改善。伽玛值是基于色阶曲线进行调整的，因此图像色调的变化主要趋向于中间色调。调整伽玛值的具体操作步骤如下：

图 8-40　打开图像文件

　　（1）单击"文件"|"打开"命令，打开一个素材图像文件，如图 8-40 所示

　　（2）选择绘图页面中的位图图像，然后单击"效果"|"调整"|"伽玛值"命令，弹出"伽玛值"对话框，在"伽玛值"数值框中输入 2，单击"预览"按钮，如图 8-41 所示。

　　（3）单击"确定"按钮，即可调整图像的伽玛值，效果如图 8-42 所示。

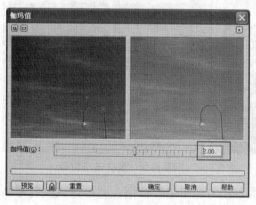

图 8-41　"伽玛值"对话框

图 8-42　调整图像伽玛值后的效果

8.3.8 色度/饱和度/亮度

使用 "色度/饱和度/亮度" 命令可以通过改变 HLS 值调整图像的色调。色度控制颜色，亮度控制色彩的明暗程度，饱和度控制颜色的深浅。调整图像色度/饱和度/亮度的具体操作步骤如下：

（1）单击 "文件" | "打开" 命令，打开一个素材图像文件，如图 8-43 所示。

（2）选择绘图页面中的位图图像，单击 "效果" | "调整" | "色度/饱和度/亮度" 命令，弹出 "色度/饱和度/亮度" 对话框，展开预览窗口，然后在 "色度"、"饱和度" 和 "亮度" 数值框中分别输入-5、5、18，如图 8-44 所示。

图 8-43　打开图像文件

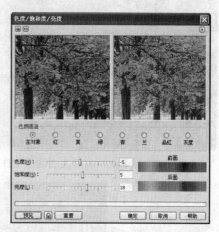

图 8-44　"色度/饱和度/亮度" 对话框

（3）单击 "确定" 按钮，即可更改图像的色度、饱和度和亮度，效果如图 8-45 所示。

图 8-45　更改色度、饱和度和亮度后的效果

8.3.9 所选颜色

运用 "所选颜色" 命令，可以通过更改位图中的红、黄、绿、青、蓝和品红色谱的 CMYK

印刷百分比来更改图像的颜色，其具体操作步骤如下：

（1）单击"文件"|"打开"命令，打开素材图像文件，如图 8-46 所示。

（2）选择绘图页面中的位图图像，单击"效果"|"调整"|"所选颜色"命令，弹出"所选颜色"对话框，展开预览窗口，然后在对话框中设置各项参数，如图 8-47 所示。

（3）单击"确定"按钮，即可调整图像颜色，效果如图 8-48 所示。

图 8-46　打开素材图像文件

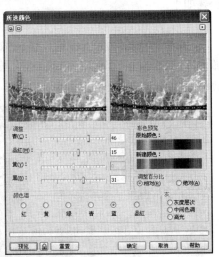

图 8-47　"所选颜色"对话框

图 8-48　调整图像颜色后的效果

8.3.10　替换颜色

执行"替换颜色"命令可以对图像中的颜色进行替换。在替换的过程中不仅可以对颜色的色度、饱和度和明亮程度等进行控制，而且还可以灵活控制替换的范围。替换颜色的具体操作步骤如下：

（1）单击"文件"|"导入"命令或按【Ctrl＋I】组合键，导入一幅位图图像，如图 8-49 所示。

（2）确定导入的图像为选中状态，单击"效果"|"调整"|"替换颜色"命令，弹出"替换颜色"对话框，设置"原颜色"为"淡绿色"、"新建颜色"为"粉红色"、"范围"为 100，

单击"预览"按钮，预览图像效果如图 8-50 所示。

（3）单击"确定"按钮，即可替换原图像中的颜色，效果如图 8-51 所示。

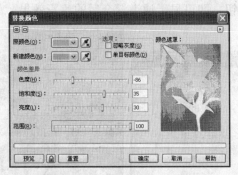

图 8-49　导入的位图　　　　　　图 8-50　"替换颜色"对话框　　　　图 8-51　替换颜色后的效果

8.3.11　取消饱和

使用"取消饱和"命令，可以自动降低图像中各种颜色的饱和度，使图像转换为灰度图像。取消饱和的具体操作步骤如下：

（1）单击"文件"|"打开"命令，打开一个素材图像文件，如图 8-52 所示。

（2）选择位图图像，单击"效果"|"调整"|"取消饱和"命令，选择的图像文件即呈灰色显示，效果如图 8-53 所示。

图 8-52　打开图像文件　　　　　　　　图 8-53　取消饱和后的效果

8.3.12　通道混合器

通过执行"通道混合器"命令可以将当前颜色通道中的像素与其他颜色通道中的像素按一定比例进行混合。使用通道混合器的具体操作步骤如下：

（1）单击"文件"|"打开"命令，打开一个素材图像文件，如图 8-54 所示。

（2）选择位图图像，单击"效果"|"调

图 8-54　打开图形文件

整"|"通道混合器"命令，弹出"通道混合器"对话框，在其中设置各参数，如图 8-55 所示。

（3）单击"确定"按钮，即可显示通道混合后的色彩效果，如图 8-56 所示。

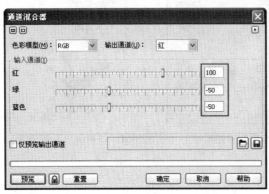

图 8-55　"通道混合器"对话框

图 8-56　显示通道混合后效果

8.3.13　位图颜色遮罩

使用"位图颜色遮罩"命令可以将图像中某种特定颜色或与之相似的颜色清除掉，也可以只显示图像中的某种颜色，其具体操作步骤如下：

（1）打开一个素材图像文件，选择绘图页面中的位图图像，单击"位图"|"位图颜色遮罩"命令，打开"位图颜色遮罩"面板，如图 8-57 所示。

（2）在面板的列表框中选中第 1 个复选框，单击面板中的"颜色选择"按钮，将鼠标指针移至绘图页面的位图图像上，如图 8-58 所示。

图 8-57　"位图颜色遮罩"面板

（3）单击鼠标左键，即可吸取颜色，然后在"容限"数值框中输入 50，单击"应用"按钮，即可将吸取的样本颜色清除，效果如图 8-59 所示。

图 8-58　定位鼠标指针

图 8-59　清除颜色后的效果

8.4　编辑位图

将一幅位图图像导入到 CorelDRAW X4 中后，可以对其进行旋转、裁剪、扩充位图边框和跟踪等基本操作。

8.4.1　旋转位图

在 CorelDRAW X4 中，用户可以手动对位图图像进行旋转，也可以通过"变换"泊坞窗以精确的角度来旋转位图，其具体操作方法如下：

（1）单击"文件"|"打开"命令，打开素材图像文件，如图 8-60 所示。

（2）单击"窗口"|"泊坞窗"|"变换"|"旋转"命令，打开"变换"泊坞窗，在"角度"数值框中输入 45，如图 8-61 所示。

（3）单击"应用"按钮，即可旋转位图图像，效果如图 8-62 所示。

图 8-60　打开图像文件　　　　图 8-61　"变换"泊坞窗　图 8-62　旋转位图图像后的效果

8.4.2　裁剪位图

通过执行裁剪操作，用户可以将位图图像中不再需要的部分裁剪掉。在 CorelDRAW X4 中，用户可以通过单击相应命令裁剪位图，也可以使用裁切工具裁剪位图，还可以使用形状工具裁剪位图。

1．使用菜单命令

通过命令裁剪位图，首先需要单击"文件"|"导入"命令，然后在弹出的"导入"对话框中进行相应设置，才能进行裁剪操作，其具体操作步骤如下：

（1）单击"文件"|"导入"命令，弹出"导入"对话框，在该对话框中选择要导入的位图图像，单击图像类型下拉列表框中的下拉按钮，在弹出的下拉列表中选择"裁剪"选项，单击"导入"按钮，弹出"裁剪图像"对话框，如图 8-63 所示。

（2）将鼠标指针移至图像的控制柄上，拖曳鼠标以确定裁剪范围。

（3）单击"确定"按钮，关闭"裁切图像"对话框，将鼠标指针移至绘图页面中，当其呈形状时，单击鼠标左键，即可将所裁剪的图像导入到绘图页面中，效果如图 8-64 所示。

图 8-63　"裁剪图像"对话框　　　　　　图 8-64　导入裁剪后的图像

2. 使用裁剪工具

单击"文件"|"导入"命令，导入一幅素材图像，选取工具箱中的裁剪工具，将鼠标指针放置到图像中的合适位置，按住鼠标左键并拖动出合适的裁剪框（如图 8-65 所示），释放鼠标左键并在裁剪区域内双击鼠标左键，即可裁剪图像，效果如图 8-66 所示。

图 8-65　裁剪过程　　　　　　图 8-66　裁剪图像后的效果

3. 使用形状工具

选取工具箱中的形状工具，单击需要裁剪的位图图像，此时位图的四个角上会显示出四个节点，拖曳节点即可裁剪图像。图 8-67 所示即为使用形状工具裁剪位图后的效果。

图 8-67　使用形状工具裁剪图像

8.4.3　重新取样位图

使用"重新取样"命令可以在保持图像质量不变的情况下改变图像的大小，用户手动调整位图大小时，无论扩大或缩小图像，像素数量均保持不变。重新取样位图的具体操作步骤如下：

（1）单击"文件"|"打开"命令，打开一幅素材图像文件，如图 8-68 所示。

（2）选择位图图像，单击"位图"|"重新取样"命令，弹出"重新取样"对话框，在"图像大小"选项区中设置图像的宽度和高度，如图 8-69 所示。

（3）单击"确定"按钮，即可调整图像的大小，如图 8-70 所示。

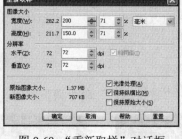

图 8-68　单击相应命令　　　　图 8-69　"重新取样"对话框　　　　图 8-70　调整图像大小

8.4.4　扩充位图边框

使用"扩充位图边框"命令可以膨胀位图尺寸，使用该命令膨胀扩大位图的尺寸时，并不会更改图像本身的分辨率，新扩大的区域将以白色填充。扩充位图边框的具体操作步骤如下：

（1）单击"文件"|"打开"命令，打开素材图像文件，如图 8-71 所示。

图 8-71　打开图形文件

（2）选择位图图像，单击"位图"|"扩充位图边框"|"手动扩充位图边框"命令，弹出"位图边框扩充"对话框，在其中设置各参数，如图 8-72 所示。

（3）单击"确定"按钮即可膨胀位图，效果如图 8-73 所示。

图 8-72　"位图边框扩充"对话框　　　　图 8-73　膨胀位图效果

习题与上机操作

一、填空题

1. 在 CorelDRAW X4 中，位图图像的颜色模式包括_____、灰度模式、双色调模式、调色板模式、RGB 颜色模式、Lab 颜色模式以及_____。

2. 使用"扩充位图边框"命令可以膨胀位图尺寸，使用该命令膨胀扩大位图的尺寸时，并不会更改图像本身的_____，新扩大的区域将以_____填充。

二、思考题

1. 简述将矢量图转换为位图的方法。
2. 简述剪裁位图图像的方法。

三、上机操作

1. 导入一幅位图图像，使用"替换颜色"命令调整图像，效果如图 8-74 所示。

图 8-74　使用"替换颜色"命令前后的效果

2. 练习调整位图图像的色彩和色调。
3. 练习使用不同的方法对位图进行裁剪。

第9章　应用交互式特效

本章学习目标

　　通过本章的学习，读者应掌握应用交互式调和效果、交互式轮廓图效果、交互式变形效果、交互式阴影效果、交互式封套效果、交互式立体化效果、交互式透明效果及透明效果的操作方法。

学习重点和难点

- 应用交互式调和效果
- 应用交互式轮廓图效果
- 应用交互式变形效果
- 应用交互式阴影效果

- 应用交互式封套效果
- 应用交互式立体化效果
- 应用交互式透明效果
- 应用透明效果

9.1　交互式调和效果

　　在 CorelDRAW X4 中，不仅可以绘制精美、漂亮的图形，而且还可以为图形添加各种特殊的调和效果，使矢量图形产生形状、颜色、轮廓及尺寸上的变化。调和主要包括直线调和、沿路径调和以及复合调和 3 种类型。

9.1.1　创建调和效果

　　在 CorelDRAW X4 中，可以使用交互式调和工具 为图形对象创建直线调和、沿路径调和以及复合调和 3 种效果。

1.　创建直线调和

　　直线调和能使对象产生形状和大小渐变的效果。在直线调和过程中，所生成的中间对象的轮廓和填充颜色沿直线路径渐变，其轮廓显示为厚度和形状的渐变。创建直线调和的具体操作方法如下：

　　（1）选取工具箱中的矩形工具，移动鼠标指针至页面中，按住鼠标左键并拖动以绘制一个矩形，如图 9-1 所示。

　　（2）确定所绘制的图形为选中状态，单击调色板中的"橙"色块，为图形填充颜色，效果如图 9-2 所示。

　　（3）选取工具箱中的星形工具，在其属性栏中设置"多边形、星形和复杂星形的点数或边数"为 4，移动鼠标指针至页面中，按住鼠标左键并拖动以绘制一个星形，并填充黄色，效果如图 9-3 所示。

（4）选取工具箱中的交互式调和工具，移动鼠标指针至页面中，将所绘制的星形拖曳至矩形上，此时控制柄之间产生一系列的中间过渡对象，如图 9-4 所示。

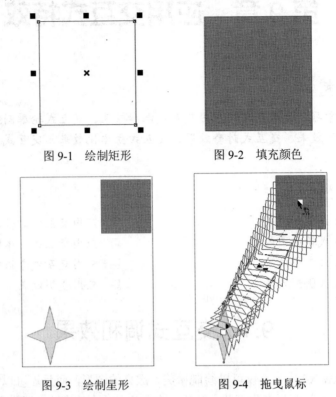

图 9-1　绘制矩形　　　　　　　图 9-2　填充颜色

图 9-3　绘制星形　　　　　　　图 9-4　拖曳鼠标

（5）释放鼠标左键即可创建直线调和效果，如图 9-5 所示。

（6）在其属性栏中设置"步长或调和形状之间的偏移量"为 50，效果如图 9-6 所示。

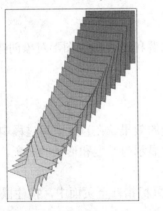
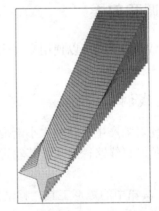

图 9-5　直线调和效果　　　　　　图 9-6　设置偏移量后的效果

2．沿路径调和

沿路径调和是指沿路径来调和对象，这些路径可以是图形、线条或者文本。根据需要的效果，可以使调和沿着整个路径或只沿着其中的一部分路径进行。用户还可以设置调和，使中间对象的旋转角度与路径的形状相匹配。创建沿路径调和效果的具体操作方法如下：

（1）单击"文件"|"打开"命令或按【Ctrl＋O】组合键，打开一幅素材图像，如图 9-7 所示。

（2）选取工具箱中的文本工具，移动鼠标指针至页面中，在图像上单击鼠标左键，确定文字的插入点，在其属性栏中设置字体为"方正大黑简体"、字体大小为 65pt，并设置文字颜色为洋红色、"轮廓颜色"为白色、轮廓宽度为 0.5，输入文字"为成功而跃"，如图 9-8 所示。

图 9-7　打开素材图像

图 9-8　输入文字

（3）确定所输入的文字为选中状态，按【Ctrl＋D】组合键再制选择的文字，并将文字填充为白色，将输入的文字拖曳至图像的上方，并调整其大小，如图 9-9 所示。

（4）选取工具箱中的交互式调和工具，移动鼠标指针至页面中，将输入的文字拖曳至再制的文字上，此时控制柄之间将产生一系列的中间过渡对象，如图 9-10 所示。

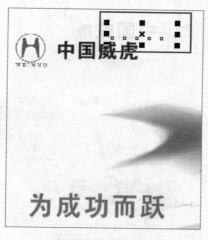

图 9-9　再制文字

图 9-10　拖曳鼠标

（5）释放鼠标左键即可创建直线调和效果，如图 9-11 所示。

（6）选取工具箱中的挑选工具，移动鼠标指针至页面中，在底层文字上单击鼠标左键将其选中，然后单击鼠标右键，在弹出的快捷菜单中选择"顺序"|"到图层前面"选项，将文字移至图层的最前面，如图 9-12 所示。

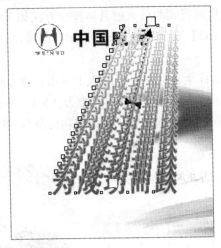

图 9-11　直线调和效果　　　　　　　图 9-12　调整文字位置

（7）选取工具箱中的交互式调和工具，移动鼠标指针至页面中，单击文字的调和效果，使其处于调和编辑状态，在属性栏的"步长或调和形状之间的偏移量"数值框中输入 600，设置"调和方向"为-360，如图 9-13 所示。

图 9-13　属性栏

（8）按【Enter】键创建调和效果，如图 9-14 所示。

（9）单击其属性栏中的"环绕调和"按钮，为文字添加环绕调和效果，如图 9-15 所示。

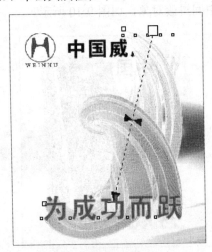
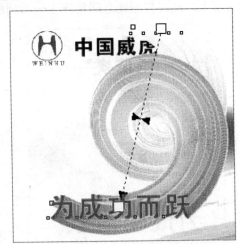

图 9-14　调和效果　　　　　　　　图 9-15　环绕调和效果

（10）选取工具箱中的挑选工具，在页面空白处单击鼠标左键取消调和编辑状态，向右拖曳调和效果中的白色文字，如图 9-16 所示。

（11）将鼠标指针移至填充洋红色的文字上，按住鼠标左键并向右下角拖动鼠标，至合适位置时释放鼠标左键，效果如图 9-17 所示。

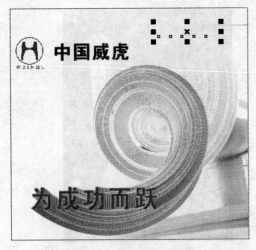

图 9-16 移动白色文字　　　　　　　　　　　图 9-17 移动洋红色文字

（12）选择创建的交互式调和效果，单击其属性栏中的"对象和颜色加速"按钮，在弹出的下拉面板中拖曳"对象"滑块至最右端，如图 9-18 所示。

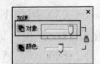

（13）此时图形对象向前加大密度，边缘更加平滑，效果如图 9-19 所示。

（14）选取工具箱中的挑选工具，将调和效果的文字向左侧移动，最终效果如图 9-20 所示。

图 9-18 拖曳滑块

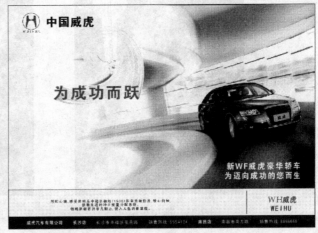

图 9-19 图形对象加速效果　　　　　　　　　　图 9-20 最终效果

3. 创建复合调和

复合调和是指由 3 个或者 3 个以上相互连接的调和对象组合而成的链状调和。用户可以在现有调和对象的基础上继续添加并选中一个或多个对象，创建出复合的调和效果。其具体操作步骤如下：

（1）打开一个素材图形文件，选择工具箱中的交互式调和工具，将鼠标指针移至绘图页面中最上方的正圆图形上，按住鼠标左键并向中间的正圆上拖曳，如图 9-21 所示。

（2）至合适位置后释放鼠标左键，创建调和效果，如图 9-22 所示。

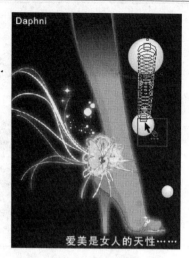

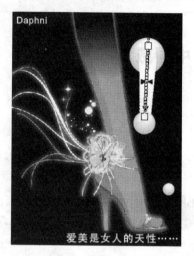

图 9-21　拖曳鼠标（一）　　　　　　　　　　图 9-22　创建调和效果

（3）用与上述相同的方法，将鼠标指针移至中间的正圆上，按住鼠标左键并向最下方的正圆上拖曳，如图 9-23 所示。

（4）至合适位置后释放鼠标，即可创建复合调和效果，如图 9-24 所示。

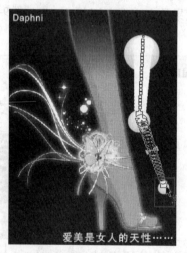

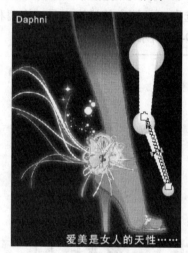

图 9-23　拖曳鼠标（二）　　　　　　　　　　图 9-24　复合调和效果

9.1.2　设置调和效果

在绘图页面中创建调和效果后，用户可以改变调和的起始和终止对象，对调和效果的步数、颜色等参数进行设置，并可根据需要对调和后的图形进行旋转。

1.　改变调和的起始和终止对象

当对两个图形对象创建调和效果后，还可以根据需要重新指定调和的起始对象和终止对象。

在页面中选中已经创建好的调和对象，单击其属性栏中的"起始和结束对象属性"按钮，弹出如图 9-25 所示的下拉菜单，选择任一选项，即可改变调和的起始和终止对象。

该下拉菜单中各选项的含义如下：

● 新起点：选择该选项可以替换当前调和对象的起始对象。

● 显示起点：选择该选项可以在页面中显示调和对象的起始对象。

● 新终点：选择该选项可以替换当前调和对象的终止对象。

● 显示终点：选择该选项可以在页面中显示调和对象的终止对象。

除了使用属性栏中的按钮改变调和的起始和终止对象外，还可以单击"窗口"|"泊坞窗"|"调和"命令，弹出"调和"泊坞窗，如图 9-26 所示。在"调和"泊坞窗中单击"开始"按钮 或者"末端"按钮 ，也可以改变调和对象的起始对象或者终止对象。

図 9-25　下拉菜单　　　图 9-26　"调和"泊坞窗

2. 调整调和步数

通过调整调和步数可以更改调和效果中对象的数量，调和的步数越小，调和对象的数量就越少，对象之间的间距就越大；反之，调和的步数越大，调和对象的数量就越多，对象间的间距就越小。调整调和步数的具体操作步骤如下：

（1）打开一个素材图形文件，运用挑选工具选择绘图页面中的调和图形对象，如图 9-27 所示。

（2）在工具属性栏的"步长或调和形状之间的偏移量"数值框中输入 10，然后按【Enter】键即可调整调和的步数，效果如图 9-28 所示。

图 9-27　选择调和图形对象　　　图 9-28　调整调和步数后的效果

3. 设置调和颜色

通过单击工具属性栏中的"直接调和"按钮、"顺时针调和"按钮以及"逆时针调和"按钮，都可设置调和对象的颜色。设置调和颜色的具体操作步骤如下：

（1）在绘图页面中选择需要设置调和颜色的调和对象，如图 9-29 所示。

（2）单击其工具属性栏中的"顺时针调和"按钮，即可更改调和对象的颜色，效果如图 9-30 所示。

图 9-29　选择调和对象　　　　　　　　图 9-30　更改调和颜色后的效果

4. 旋转调和对象

在 CorelDRAW X4 中，可以将调和对象中的全部对象进行旋转，调和对象中的所有对象都转向中心，其具体操作步骤如下：

（1）单击"文件"|"打开"命令或按【Ctrl＋O】组合键，打开一幅素材图形，如图 9-31 所示。

（2）选取工具箱中的交互式调和工具，选取页面中的调和对象，单击"窗口"|"泊坞窗"|"调和"命令，弹出"调和"泊坞窗，设置"旋转"为 90，单击"应用"按钮旋转调和对象，效果如图 9-32 所示。

（3）在"调和"泊坞窗中选中"回路"复选框，单击"应用"按钮，即可旋转调和对象，效果如图 9-33 所示。

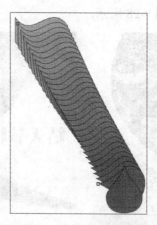
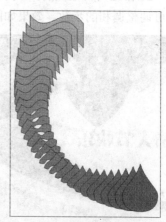

图 9-31　打开的素材图形　　　图 9-32　旋转调和对象　　　图 9-33　旋转调和对象后的效果

9.1.3　拆分调和效果

通过拆分调和对象可以将调和效果中产生的图形对象拆分出来，将一段调和效果拆分成两段调和效果。拆分调和对象的具体操作步骤如下：

（1）打开一个素材图形文件，选择绘图页面中的调和对象，如图 9-34 所示。

（2）单击其工具属性栏中的"杂项调和选项"按钮，在弹出的面板中单击"拆分"按钮，如图 9-35 所示。

（3）鼠标指针变成一个弯曲的箭头形状，将鼠标指针移至调和图形上，单击鼠标左键拆分调和对象，然后运用工具箱中的挑选工具调整图形对象的位置，效果如图 9-36 所示。

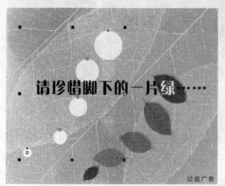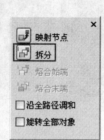

图 9-34　选择调和对象　　图 9-35　单击"拆分"按钮　　图 9-36　拆分调和效果并调整位置

9.1.4　复制调和效果

使用复制调和功能可以将调和对象的设置应用到另外两个对象上。复制调和后，两个新对象的填充及轮廓线属性保持不变。复制调和效果的具体操作步骤如下：

（1）在绘图页面中选择需要复制的调和效果，如图 9-37 所示。

（2）单击"编辑"|"复制"命令，然后单击"编辑"|"粘贴"命令，运用工具箱中的挑选工具将粘贴后的调和对象移至合适位置，效果如图 9-38 所示。

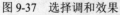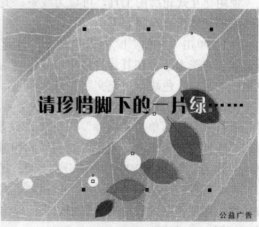

图 9-37　选择调和效果　　　　　　　图 9-38　复制调和效果

9.1.5 清除调和效果

对于创建的调和效果,若不再需要,可以将其清除,其具体操作步骤如下:
(1)在绘图页面中选择需要清除调和效果的调和对象,如图 9-39 所示。
(2)单击"效果"|"清除调和"命令,即可清除图形对象的调和效果,如图 9-40 所示。

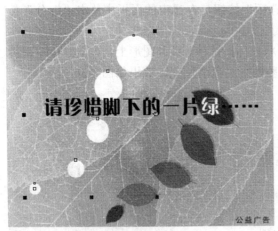

图 9-39　选择调和对象　　　　　　　图 9-40　清除调和效果

9.2　交互式轮廓图效果

轮廓图效果是指由图形对象的轮廓向内或向外放射的层次效果,它是由多个同心线圈组成的。在 CorelDRAW 中轮廓图效果主要分为 3 类,即向中心、向内和向外。轮廓图效果可应用于图形或文本对象。

9.2.1 创建轮廓图效果

使用交互式轮廓图工具,可以为线条、美术字和图形等对象添加轮廓图效果。创建轮廓图效果的具体操作步骤如下:
(1)单击"文件"|"打开"命令,打开一个图形文件。使用文本工具在绘图页面的合适位置创建美术字,在其属性栏中设置字体为"方正隶二简体"、字号大小为 85pt,单击调色板中的"白"色块,填充文字颜色为白色,效果如图 9-41 所示。
(2)选取工具箱中的交互式轮廓图工具,在其属性栏的"预设列表"下拉列表框中选择轮廓样式,然后单击"向外"按钮,设置"轮廓图步长"为 4、"轮廓图偏移"为 0.5,单击"线性轮廓图颜色"按钮,对轮廓图颜色进行直线渐变处理;设置"轮廓颜色"、"填充色"均为红色(CMYK 参考值分别为 0、100、100、0),效果如图 9-42 所示。
在其属性栏中单击"到中心"按钮,可创建向中心放射的轮廓图效果;单击"向内"按钮,可创建向内放射的轮廓图效果;单击"向外"按钮,可创建向外放射的轮廓图效果,如图 9-43 所示。

图 9-41　创建美术字

图 9-42　为文字添加交互式轮廓图效果

原图

向中心放射

向内放射

向外放射

图 9-43　轮廓图效果

9.2.2　设置轮廓图步长值和偏移量

在属性栏的"轮廓图步长"数值框 📶11 🔼 或在"轮廓图"泊坞窗的"步长"数值框中输入数值，均可设置轮廓图的步长值；在属性栏的"轮廓图偏移"数值框 📶2.54 mm 🔼 或在"轮廓图"泊坞窗的"偏移"数值框中输入数值，均可设置轮廓图的偏移量。设置轮廓图步长值和偏移量的具体操作步骤如下：

（1）选取工具箱中的矩形工具，移动鼠标指针至页面中，按住鼠标左键并拖动以绘制一个矩形，如图 9-44 所示。

（2）确定绘制的矩形为选中状态，选取工具箱中的交互式轮廓图工具，在其属性栏中单击"向内"按钮，如图 9-45 所示。

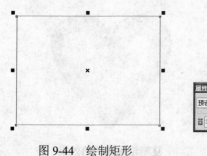
图 9-44　绘制矩形

图 9-45　属性栏

（3）此时页面中的轮廓图效果如图 9-46 所示。

（4）在其属性栏的"轮廓图步长"数值框中输入 15、"轮廓图偏移"数值框中输入 3.5，按【Enter】键确认，此时的图形效果如图 9-47 所示。

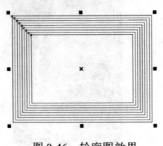 

图 9-46　轮廓图效果　　　　　图 9-47　设置步长值与偏移量后的效果

9.2.3　设置轮廓图颜色

设置轮廓图颜色时，首先在页面中选择一个轮廓化图形对象，单击属性栏中的"轮廓颜色"按钮 ，在弹出的调色板中单击所需色块，即可设置轮廓图颜色。

单击"填充色"按钮 ，弹出调色板，在调色板中单击任意色块，轮廓图的填充颜色不会发生变化，但使用交互式轮廓图工具选中后可以看到轮廓图中箭头所指的方块变成了当前填充的颜色。将轮廓图对象选中，在调色板中选择一个色块，此时轮廓图的第一圈图形填充所选颜色，同时显示轮廓图第一圈至最里面一圈的渐变填充颜色。

9.2.4　拆分轮廓图

拆分轮廓图时，首先使用挑选工具选取轮廓化图形，然后单击"排列"|"打散轮廓图群组"命令将其拆分，再使用挑选工具选取拆分的轮廓化对象并移动即可。

9.2.5　复制轮廓图效果

在 CorelDRAW 中，使用轮廓图的复制功能可以将轮廓图设置应用至另一个图形对象上，但该对象的填充和轮廓线属性保持不变。

在页面中选择需要复制轮廓效果的图形对象，选取工具箱中的交互式轮廓图工具，在其属性栏中单击"复制轮廓图属性"按钮 ，或单击"效果"|"复制效果"|"轮廓图自"命令，此时鼠标指针呈 ➡ 形状，单击需要复制的轮廓图对象即可复制轮廓图效果，如图 9-48 所示。

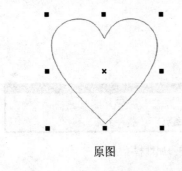

原图　　　　　　　鼠标指针形状　　　　　复制轮廓图后的效果

图 9-48　复制轮廓图效果

9.3　交互式变形效果

运用交互式变形工具可以快速地改变图形对象的外观，用户运用该工具能够方便地对图形对象进行变形。

9.3.1　应用交互式变形效果

交互式变形分为推拉变形、拉链变形和扭曲变形，将这 3 种变形方式相互配合使用，可以得到多种多样的变形效果。

1．推拉变形

推拉变形是指通过对对象进行向中心位置或向外部的推拉操作，从而创建出特殊的变形效果。使用绘图工具绘制多边形，选取工具箱中的交互式变形工具，单击其属性栏中的"推拉变形"按钮，将鼠标指针移到需要变形的对象上，按住鼠标左键并向内拖动鼠标，图形会随鼠标指针的移动而发生变化，至合适位置后释放鼠标左键，即可完成对图形对象推拉变形的操作。图 9-49 所示即为对图形对象进行推拉变形并设置颜色后的效果。

图 9-49　推拉变形效果

2．拉链变形

拉链变形可以使图形对象产生锯齿变形的图形效果。使用挑选工具，选择需要变形的图形对象，再选取工具箱中的交互式变形工具，单击其属性栏中的"拉链变形"按钮，将鼠标指针移到需要变形的对象上，按住鼠标左键并向内拖动鼠标，图形会随鼠标指针的移动而发生变化，至合适位置后释放鼠标左键，即可完成对图形对象拉链变形的操作。图 9-50 所示即为对图形对象进行拉链变形并设置颜色后的效果。

图 9-50　拉链变形效果

3. 扭曲变形

使用挑选工具，选择需要扭曲变形的图形对象，再选取工具箱中的交互式变形工具，单击其属性栏中的"扭曲变形"按钮，将鼠标指针移至该图形对象上，按住鼠标左键并拖动鼠标，至合适位置后释放鼠标左键，即可产生旋转扭曲的效果。图 8-51 所示即为对图形对象进行扭曲变形并设置颜色后的效果。

图 8-51　扭曲变形效果

9.3.2　将变形对象转换为曲线

将变形对象转换为曲线后，可以使用形状工具对其进行细微调整。在页面中选择变形对象，在其属性栏中单击"转换为曲线"按钮，或单击"排列"|"转换为曲线"命令，即可将对象转换为曲线。转换为曲线后，使用工具箱中的形状工具可以调整图形的形状，效果如图 9-52 所示。

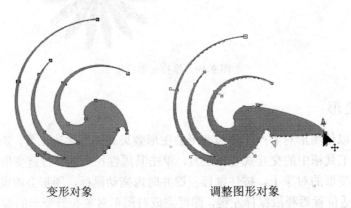

变形对象　　　　　　　　　　　调整图形对象

图 9-52　将变形对象转换为曲线

9.3.3　调整变形效果

用户在给图形对象添加变形效果后，如果变形效果并不是很完美，则可以使用交互式变形工具和工具属性栏来调整变形效果。调整变形效果有以下 3 种方法：

● 选取工具箱中的交互式变形工具，单击变形对象，对象被选中后，图形对象上会出现一个菱形标志，此为用于调整变形中心位置的菱形控制柄，在菱形控制柄上按住鼠标左键并拖动鼠标，至合适位置后释放鼠标左键，即可改变图形的变形效果，如图 9-53 所示。

图 9-53　调整变形效果

● 使用选择工具选择变形对象，单击其属性栏中的"添加新的变形"按钮，即可为已变形的对象再次添加变形效果，如图 9-54 所示。

图 9-54　为变形对象再次添加变形效果

● 使用选择工具选择变形对象，单击其属性栏中的"中心变形"按钮，将变形对象的中心点移至对象的中心位置，即可改变变形对象的变形效果，如图 9-55 所示。

图 9-55　调整对象中心位置

专家指点

> 当为对象创建变形效果后，还可以将这种效果应用于其他对象，其操作方法与复制调和效果及轮廓图效果的方法类似。

9.3.4　清除变形效果

为图形对象应用了变形效果之后，还可以根据需要将变形效果清除。在页面中选择变形对象后，选取工具箱中的交互式变形工具，在其属性栏中单击"清除变形"按钮，或单击"效果"|"清除变形"命令，即可清除对象的变形效果。

9.4 交互式阴影效果

阴影效果是在绘图时经常使用的一种特效，使用交互式阴影工具 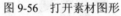 可以快速为图形添加阴影效果，从而增强对象的真实感，还可以设置阴影的透明度、角度、位置、颜色和羽化程度。该工具可以为段落文本、美术文字、位图以及群组对象等创建阴影效果。

9.4.1 创建阴影效果

在编辑图形对象时，使用交互式阴影工具可以为对象添加阴影效果，也可以从属性栏中选择预设的阴影效果，并应用至图形对象上。创建阴影效果的具体操作步骤如下：

（1）单击"文件"|"打开"命令或按【Ctrl＋O】组合键，打开一幅素材图形，如图 9-56 所示。

（2）选取工具箱中的挑选工具，移动鼠标指针至页面中，选中最底层的图形对象，如图 9-57 所示。

图 9-56　打开素材图形　　　　　　图 9-57　选择图形

（3）选取工具箱中的交互式阴影工具，在页面上按住鼠标左键并拖动，如图 9-58 所示。

（4）至合适位置时释放鼠标左键，为选择的图形对象添加阴影效果，如图 9-59 所示。

（5）在其属性栏中设置 X、Y 的值分别为 8、-8、"阴影的不透明"为 44、"阴影羽化"为 5（如图 9-60 所示），此时页面中图形对象的阴影效果如图 9-61 所示。

交互式阴影工具的属性栏中各主要选项的含义如下：

● "预设列表"下拉列表框：在该下拉列表框中可以选择预设的阴影效果，单击右侧的 按钮，可以添加或删除阴影效果的样式。

● "阴影偏移"数值框：该数值框用于设置阴影的偏移位置。

● "阴影角度"数值框：该数值框用于设置阴影的角度。

● "阴影的不透明"数值框：该数值框用于设置阴影的不透明度。

● "阴影羽化"数值框：该数值框用于设置阴影边缘产生的虚化模糊效果。

图 9-58　拖曳鼠标

图 9-59　创建阴影效果

图 9-60　属性栏

图 9-61　阴影效果

● "阴影羽化方向"按钮：单击该按钮弹出下拉面板，如图 9-62 所示，从中可以选择羽化的方向。

● "阴影羽化边缘"按钮：单击该按钮弹出下拉面板，如图 9-63 所示，从中可以选择不同的羽化阴影类型来羽化所选对象的阴影边缘。

图 9-62　阴影羽化方向下拉面板　　图 9-63　阴影羽化边缘下拉面板

- "淡出"数值框 0：该数值框用于设置阴影的淡化程度。
- "延伸"数值框 50：该数值框用于设置阴影的长短。
- "阴影颜色"下拉列表框：在该下拉列表框中可以选择阴影的颜色。
- "复制阴影的属性"按钮：单击该按钮可以将其他对象的阴影属性复制到当前的阴影对象上。
- "清除阴影"按钮：单击该按钮可以删除当前所选的阴影效果。

9.4.2 编辑阴影效果

为对象添加阴影后，通过渐变滑杆和工具属性栏可以调整阴影的效果，如阴影的颜色、方向、不透明度、淡出级别、角度和羽化等。使用挑选工具选择图形对象的阴影，在其属性栏中拖曳相应滑杆上的滑块，可以改变阴影的方向和不透明度等。图 9-64 所示即为通过拖曳滑块改变阴影不透明度后的效果。

图 9-64　改变阴影的不透明度前后的效果

9.4.3 复制阴影效果

当需要为多个对象添加同一种类型的阴影时，可以先为其中的一个对象添加阴影，然后再将效果复制到其他对象上。复制阴影效果的具体操作步骤如下：

（1）单击"文件" | "打开"命令，打开一个图形文件，使用挑选工具选择要添加阴影的图形。

（2）选取工具箱中的交互式阴影工具，单击其属性栏中的"复制阴影的属性"按钮，当鼠标指针呈 形状时，将鼠标指针放至对象的阴影处，如图 9-65 所示。

（3）单击鼠标左键，即可复制图形对象的阴影效果，如图 9-66 所示。

图 9-65　鼠标指针形状　　　　　　　　　　图 9-66　复制阴影后的效果

9.4.4　分离阴影效果

在设计平面作品时，有时只需要使用阴影效果，而不需要图形对象，此时可以将阴影与图形对象分离，其具体操作步骤如下：

（1）单击"文件"|"打开"命令，打开一个图形文件。选取工具箱中的星形工具，在绘图页面的合适位置绘制星形，单击调色板中的"白"色块，填充星形为白色，并在调色板中的"无轮廓"按钮⊠上单击鼠标右键，删除图形对象的轮廓，效果如图 9-67 所示。

（2）选取工具箱中的交互阴影工具，在其属性栏的"预设列表"下拉列表框中选择"小型辉光"选项，并设置"阴影的不透明"为 90、"阴影羽化"为 6、"阴影颜色"为白色、"透明度操作"为"正常"，为图形对象添加阴影效果，如图 9-68 所示。

图 9-67　绘制星形　　　　　　　　　　　　图 9-68　添加阴影效果

（3）单击"排列"|"打散阴影群组"命令，或按【Ctrl＋K】组合键，拆分图形对象与阴影；使用挑选工具选中星形图形，将其删除，然后调整阴影至合适位置，效果如图 9-69所示。

（4）选择工具箱中的交互式填充工具，在其属性栏的"填充类型"下拉列表框中选择

"射线"选项，并设置起始颜色为红色（CMYK 参考值分别为 0、90、30、0）、终止颜色为白色（CMYK 参考值均为 0），效果如图 9-70 所示。

（5）按小键盘中的【＋】键复制图形对象，移动图形对象至合适位置并缩放其大小，效果如图 9-71 所示。

图 9-69　拆分星形阴影效果　　　　图 9-70　射线填充效果　　　　图 9-71　复制并缩放阴影后的效果

专家指点

清除阴影效果时，首先选择整个阴影对象，然后单击"效果"|"清除阴影"命令，或单击交互式工具属性栏中的"清除阴影"按钮即可。

9.5　交互式封套效果

封套是指可以在对象周围改变对象形状的闭合形状，它由节点相连的线段组成。一旦在对象周围设置了封套，就可以移动节点来改变对象的形状。

9.5.1　创建封套效果

使用交互式封套工具，可以为对象添加封套效果，该工具中主要包括直线、单弧、双弧及非强制 4 种类型模式。

● 直线模式：只能对封套节点进行水平或垂直移动，使封套的外形成直线形变化。
● 单弧模式：使封套外形的某一边呈弧形变化。
● 双弧模式：使封套外形的某一边呈 S 形变化。
● 非强制模式：可以任意拖曳封套节点，随意改变封套外形。

下面以制作文字封套效果为例，介绍创建封套效果的具体操作方法：

（1）单击"文件"|"打开"命令，打开一个图形文件。选取工具箱中的文本工具，在绘图页面的合适位置创建文本"草莓原汁"，选择创建的文本，并在其属性栏中设置字体为"文鼎 CS 长美黑"、字号大小为 75，单击调色板中的"红"色块，填充文本颜色为红色，效果如图 9-72 所示。

（2）选取工具箱中的交互式封套工具，为文本对象添加封套效果，如图 9-73 所示。

（3）单击鼠标左键选择节点，按住鼠标左键并向外拖动鼠标，至合适位置后释放鼠标左键，即可改变封套形状，效果如图 9-74 所示。

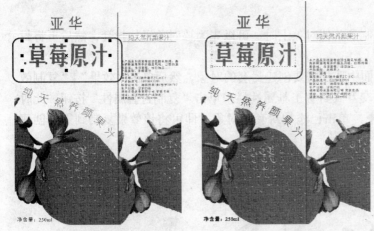

图 9-72 创建美术字　　　图 9-73 为文本添加封套效果　　　图 9-74 改变封套形状后的效果

9.5.2 改变封套的映射模式

对于应用了封套的对象，CorelDRAW X4 提供了以下 4 种预设的映射模式：

● 水平：延展对象以适合封套的基本尺度，然后水平压缩对象以适合封套的形状。

● 原始：将对象选择框四周的任意控制柄映射到封套的角节点上，其他节点沿对象选择的边缘线映射。

● 自由变形：将对象选择框四周的任意控制柄映射到封套的角节点上。

● 垂直：延展对象以适合封套的基本尺度，然后垂直压缩对象以适合封套的形状。

在设计过程中，为了得到满意的变形效果，往往需要改变映射模式，其具体操作方法如下：

（1）运用交互式封套工具选择绘图页面中的文本对象，在工具属性栏的"映射模式"下拉列表框中选择"水平"选项，然后选择文本对象下方的一个节点，按住鼠标左键并向下拖曳，如图 9-75 所示。

（2）至合适的位置后释放鼠标左键，即可调整封套形状，效果如图 9-76 所示。

图 9-75 拖曳节点　　　　　　　図 9-76 调整封套形状后的效果

9.5.3　复制封套效果

当要将一个对象上的封套复制到其他对象上时，可以先为该对象添加封套，然后再将封套复制到其他的对象上。

复制封套效果时，首先在页面中选择需要创建封套的对象，然后单击"效果"|"复制效果"|"建立封套自"命令，或在交互式封套工具属性栏中单击"复制封套属性"按钮，此时页面中的鼠标指针呈箭头形状➡，单击已添加封套的对象，即可将该效果复制到需要创建封套效果的对象上，效果如图 9-77 所示。

原图　　　　　　　　　　　　复制封套　　　　　　　　　　　　封套效果

图 9-77　复制封套效果

9.5.4　清除封套效果

清除封套效果时，首先选择应用了封套效果的对象，然后单击"效果"|"清除封套"命令，或单击交互式封套工具属性栏中的"清除封套"按钮，即可将封套清除。

9.6　交互式立体化效果

立体化效果是通过三维空间的立体旋转和光源照射功能来实现的，在 CorelDRAW X4 中可以对矢量图形对象进行立体化处理，其中包括线条、图形以及文字等。

9.6.1　创建立体化效果

使用交互式立体化工具，可以为图形对象添加三维效果，使对象产生立体感，并可以更改图形对象立体效果的颜色、轮廓以及为图形对象添加照明效果。创建立体化效果的具体操作步骤如下：

（1）单击"文件"|"打开"命令，打开一个图形文件；选取工具箱中的文本工具，在绘图页面的合适位置输入文本"风"，选择该文字，并在属性栏中设置其字体为"文鼎 CS 行楷"、字号大小为 400，单击调色板中的"红"色块，填充文本颜色为红色，效果如图 9-78 所示。

（2）选取工具箱中的交互式立体化工具，在美术字上按住鼠标左键并向上拖动鼠标，至合适位置后释放鼠标左键，即可为文字对象添加交互式立体效果。

（3）在属性栏的"立体化类型"下拉列表框中选择第 3 种方式，如图 9-79 所示，在"深度"数值框 12 中输入数值 12，在"灭点坐标"数值框 0.0 mm 0.0 mm 中分别输入 100 和 85。

图 9-78　创建美术字

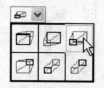

图 9-79　选择立体化类型

（4）单击"颜色"下拉按钮，在弹出下拉调板中单击"使用递减的颜色"按钮，设置"从"的颜色为橙色（CMYK 参考值分别为 0、65、80、0）、"到"的颜色为白色（CMYK 参考值均为 0），如图 9-80 所示。这时，文本的立体效果如图 9-81 所示。

图 9-80　"颜色"下拉调板

图 9-81　制作立体效果

9.6.2　编辑立体化效果

在 CorelDRAW X4 中，用户既可以轻松地为图形对象添加具有专业水准的矢量图立体化效果或位图立体化效果，也可以根据需要对添加的立体化效果进行编辑。

1．设置立体模型方向

使用挑选工具选择立体模型图形对象，并在其属性栏中单击"立体的方向"下拉按钮，弹出如图 9-82 所示的下拉调板，将鼠标指针移至该下拉调板上，按住鼠标左键并拖动鼠标，即可改变立体模型的方向。图 9-83 所示即为旋转立体模型方向后的效果。

2．设置立体模型斜角修饰边

使用挑选工具选择立体模型图形对象，并在其属性栏中单击"斜角修饰边"下拉按钮，弹出如图 9-84 所示的下拉调板，在该调板中可为立体模型设置斜角修饰边效果，如图 9-85 所示。

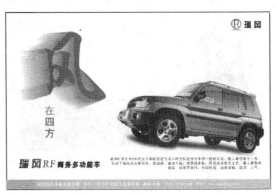

图 9-82 "立体的方向"下拉调板　　　　　　图 9-83　旋转方向效果

图 9-84 "斜角修饰边"下拉调板　　　　　　图 9-85　斜角修饰边效果

3. 设置立体模型的照明效果

在对象上初步创建的立体模型可能与亮度搭配得不合适，使立体效果不够逼真，大家可以应用光源来增强矢量立体模型的立体感。使用挑选工具选择立体模型图形对象，并在其属性栏中单击"照明"下拉按钮，弹出（如图 9-86 所示）的下拉调板，在该调板中可以为立体模型添加照明效果。图 9-87 所示即为立体模型添加照明后的效果。

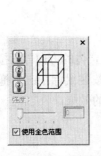

图 9-86 "照明"下拉调板　　　　　　　　图 9-87　添加立体照明效果

9.6.3　拆分和清除立体化效果

创建了立体化对象后，用户还可以根据需要对立体化效果进行拆分或清除。

拆分立体化效果时，首先在页面中选择一个已创建好的立体化对象，按【Ctrl+K】组合键，即可将立体化对象拆分为多个组成部分。

清除立体化效果时，首先选取工具箱中的交互式立体化工具，在页面中选中立体化对象，单击"效果"|"清除立体化"命令，或单击交互式立体化工具属性栏中的"清除立体化"按钮，即可将立体化效果清除。

9.7　交互式透明效果

运用交互式透明工具可以改变图形对象的透明程度，将图形以半透明的形式叠加在一起，可制作出各种炫目的视觉效果。

9.7.1　创建透明效果

CorelDRAW X4 中的交互式透明工具 可以制作出许多漂亮的透明效果，如均匀、渐变、图案和底纹等透明效果。它与交互式填充工具一样，在填充颜色时，使用颜色的灰度值来遮罩对象原有的像素，因此选用颜色的灰度值越高，对象被遮住的像素就越多；反之，选用颜色的灰度值越低，对像素的影响就越小。

1.　创建均匀透明效果

均匀透明效果是一种最为简单的透明效果，可以让图形产生类似于透明玻璃的效果。创建均匀透明效果的具体操作步骤如下：

（1）打开一个如图 9-88 所示的素材图形文件，选择工具箱中的矩形工具，绘制一个与页面相同大小的矩形，设置图形的"填充"和"轮廓颜色"都为白色，并将其叠放顺序上移一层，如图 9-89 所示。

图 9-88　打开图形文件　　　　　　　　图 9-89　绘制与设置矩形

（2）选择工具箱中的交互式透明工具，单击其工具属性栏中"透明度类型"下拉列表框右侧的下三角按钮，在弹出的下拉列表中选择"标准"选项，即可为图形文件添加均匀透明效果，如图 9-90 所示。

图 9-90　添加均匀透明效果

2. 创建渐变透明效果

通过添加渐变透明效果，可以根据渐变色的变化产生透明效果，渐变透明效果分为线性、射线、圆锥和方角透明效果 4 种。创建渐变透明效果的具体操作步骤如下：

（1）选择需要添加渐变透明效果的图形对象，并选择工具箱中的交互式透明工具，单击其工具属性栏中"透明度类型"下拉列表框右侧的下三角按钮，在弹出的下拉列表中选择"圆锥"选项，即可为图形对象添加渐变透明效果，在图形上方将显示一个半圆形的虚线框，如图 9-91 所示。

（2）将鼠标指针移至线框左侧的小矩形框上，按住鼠标左键并水平向右拖曳，拖曳至合适位置后释放鼠标左键，即可调整渐变透明效果，如图 9-92 所示。

图 9-91　添加渐变透明效果　　　　　　　图 9-92　调整渐变透明效果

3. 创建图样透明效果

图样透明效果是根据图样内容产生的透明效果，且在生成透明效果时，会将图样的颜色转变为灰度模式。创建图样透明效果的具体操作步骤如下：

（1）选择绘图页面中的图形对象，然后选择工具箱中的交互式透明工具，单击其工具属性栏中"透明度类型"下拉列表框右侧的下三角按钮，在弹出的下拉列表中选择"双色图样"选项，为选择的图形对象添加图样透明效果，如图 9-93 所示。

（2）单击其工具属性栏中"第一种透明度挑选器"下拉列表框右侧的下三角按钮，在弹出的下拉列表中更换另外一种图样样式，效果如图 9-94 所示。

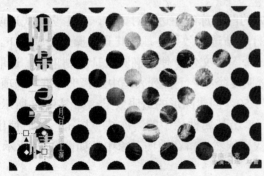

图 9-93　添加图样透明效果　　　　　　　　　　图 9-94　更改图样样式

（3）单击其工具属性栏中"透明度操作"下拉列表框右侧的下三角按钮，在弹出的下拉列表中选择"饱和度"选项（如图 9-95 所示），完成图样透明效果的设置，如图 9-96 所示。

图 9-95　选择"饱和度"选项　　　　　　　　图 9-96　图样透明效果

4. 创建底纹透明效果

底纹透明效果是根据底纹内容产生的透明效果，在生成透明效果时，也会将底纹的颜色转变为灰度模式，根据颜色的明暗产生透明效果。

选择绘图页面中的图形对象，然后选择工具箱中的交互式透明工具，在工具属性栏中单击"透明度类型"下拉列表框右侧的下三角按钮，在弹出的下拉列表中选择"底纹"选项，即可为选择的图形对象添加底纹透明效果，如图 9-97 所示。

图 9-97　添加底纹透明效果

9.7.2　冻结透明效果

在 CorelDRAW X4 中，可以将透明对象下方的图像冻结在透明对象中，单击交互式透明工具属性栏中的"冻结"按钮 ，可对图像进行冻结透明效果处理，其具体操作步骤如下：

（1）单击"文件"|"打开"命令，打开一个图形文件，使用椭圆工具绘制正圆，选取工具箱中的交互式透明工具，在其属性栏的"透明度类型"下拉列表框中选择"标准"选项，调整"开始透明度"滑杆上的滑块，设置参数为 50，创建圆形的透明效果，如图 9-98 所示。

（2）使用交互式透明工具选择透明对象，单击其属性栏中的"冻结"按钮，然后使用挑选工具移动透明对象，透明对象下方的图像效果依然保留在透明对象中，如图 9-99 所示。

图 9-98　创建透明效果　　　　　　　　图 9-99　冻结透明效果

9.7.3　复制透明效果

用户可以将一个对象的透明属性应用到其他的对象上，即复制透明效果。

复制透明效果时，首先在页面中选择需要创建透明效果的对象，单击"效果"|"复制效果"|"透镜自"命令，或在交互式透明工具属性栏中单击"复制透明度属性"按钮，此时页面中的鼠标指针呈箭头形状 ，单击已添加透明效果的对象，即可将透明效果复制到需要创建透明效果的对象上，如图 9-100 所示。

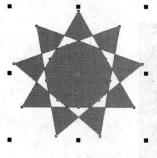

　　　原图　　　　　　　　　　鼠标指针形状　　　　　　　复制透明效果

图 9-100　复制透明效果

专家指点

> 清除透明效果时，首先使用交互式透明工具选择已应用透明效果的对象，然后在其属性栏中设置"透明类型"为"无"，或单击交互式透明工具属性栏中的"清除透明度"按钮，即可将透明效果清除。

9.8 透视效果

在 CorelDRAW X4 中，通过添加透视效果可以使二维图形具有三维透视的效果，从而使图形对象产生立体感。

9.8.1 创建透视效果

使用"添加透视"命令可以在绘图页面中方便地创建透视效果，其具体操作步骤如下：

（1）打开一个素材图形文件，选择"天"字所在的群组对象，单击"效果"|"添加透视"命令，图形对象的周围将显示一个带有 4 个节点的网格，如图 9-101 所示。

（2）将鼠标指针移至网格左上角的节点上，当鼠标指针呈十字形时，按住鼠标左键并垂直向上拖曳，至合适的位置后释放鼠标左键，即可移动该节点，如图 9-102 所示。

（3）用与上述相同的方法，调整图形左下角的节点至合适位置，即可创建图形透视效果，如图 9-103 所示。

（4）用与上述相同的方法，为另外两个群组图形对象添加透视效果，如图 9-104 所示。

图 9-101　显示网格

图 9-102　移动节点

图 9-103　创建透视效果

图 9-104　创建其他透视效果

9.8.2 复制透视效果

选择需要通过复制来添加透视效果的对象，单击"效果"|"复制效果"|"建立透视点自"命令，然后单击已添加透视效果的对象，即可将透视效果复制到所选的目标对象上，如图9-105 所示。

图 9-105　复制透视效果

 专家指点

> 若要清除透视效果，只需选择透视效果图，然后单击"效果"|"清除透视点"命令即可。

习题与上机操作

一、填空题

1. 在 CorelDRAW X4 中，用户可根据需要创建_____调和、_____调和以及复合调和等效果。

2. 变形分为_____变形、拉链变形和_____变形，将这 3 种变形方式相互配合使用，可以得到多种多样的变形效果。

3. 交互式封套效果有 4 种模式，即直线模式、_____、双弧模式和_____。

二、思考题

1. 简述创建调和效果的方法。
2. 交互式变形工具有哪几种类型？
3. 改变对象封套映射有哪几种模式？
4. 简述创建立体化效果的方法。

三、上机操作

使用交互式阴影工具，为 POP 广告添加如图 9-106 所示的文字阴影效果。

图 9-106 POP 广告

关键提示：

（1）使用"打开"命令，打开素材图形。

（2）选取工具箱中的交互式阴影工具，在其属性栏的"预设列表"下拉列表框中选择"小型发光"选项，并设置"阴影的不透明"为 100、"阴影羽化"为 14、"阴影颜色"为白色、"透明度操作"为"正常"，为图形对象添加阴影效果。

第 10 章 应用滤镜特效

本章主要介绍如何使用 CorelDRAW X4 中的三维效果、艺术笔触、模糊、相机、颜色变换、轮廓图、创造性、扭曲和杂点等滤镜创建特殊效果。通过灵活运用上述滤镜，大家可以轻松创建出绚丽多姿的艺术效果。

学习重点和难点

- 💻 三维效果滤镜的使用
- 💻 艺术笔触滤镜的使用
- 💻 模糊滤镜的使用

- 💻 颜色变换滤镜的使用
- 💻 创造性滤镜的使用
- 💻 扭曲滤镜的使用

10.1　三维效果

使用"三维效果"滤镜组中的滤镜，可以使位图产生不同类型的立体效果。三维滤镜组中包括 7 种三维滤镜，分别为"三维旋转"、"柱面"、"浮雕"、"卷页"、"透视"、"挤远/挤近"和"球面"滤镜。

10.1.1　三维旋转

使用"三维旋转"滤镜，可以设置位图图像沿水平轴和垂直轴旋转，使位图图像变成三维图像的一个画面。选择一幅位图图像，单击"位图"|"三维效果"|"三维旋转"命令，弹出"三维旋转"对话框，如图 10-1 所示。

图 10-1　"三维旋转"对话框

在该对话框的"垂直"和"水平"数值框中输入相应的数值,可以设置绕垂直轴、水平轴旋转的角度,选中"最适合"复选框,可以使三维旋转后的位图图像的大小接近原始图像的大小。图 10-2 所示即为使用"三维旋转"滤镜前后的效果。

图 10-2 应用"三维旋转"滤镜前后的效果

10.1.2 柱面

使用"柱面"滤镜,可以将位图图像沿柱面内侧或柱面外侧改变形状。选择一幅位图图像,单击"位图"|"三维效果"|"柱面"命令,弹出"柱面"对话框,如图 10-3 所示。

图 10-3 "柱面"对话框

在该对话框的"柱面模式"选项区中可以选择柱面的模式,即垂直模式或水平模式;拖曳"百分比"滑块,可以设置柱面模式的百分比。

10.1.3 浮雕

使用"浮雕"滤镜,可以通过高对比度的手法为图像创建三维突起和类似裂缝浮雕的效果。制作浮雕效果的具体操作步骤如下:

(1)单击"文件"|"打开"命令或按【Ctrl+O】组合键,打开一幅素材图像,如图 10-4 所示。

(2)确定打开的素材图像为选中状态,单击"位图"|"三维效果"|"浮雕"命令,弹

出"浮雕"对话框，在其中设置"深度"为 5、"层次"为 170、"方向"为 45，选中"灰色"单选按钮，单击"预览"按钮，如图 10-5 所示。

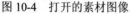

图 10-4　打开的素材图像　　　　　图 10-5　"浮雕"对话框

（3）单击"确定"按钮，即可为图像创建浮雕效果，如图 10-6 所示。

图 10-6　浮雕效果

10.1.4　卷页

"卷页"滤镜用于使位图产生一种类似于卷纸的特殊效果，用户还可通过设置卷角的颜色、位置和方向等参数来改变卷页效果。制作卷页效果的具体操作步骤如下：

（1）单击"文件"|"打开"命令或按【Ctrl＋O】组合键，打开一幅素材图像，如图 10-7 所示。

（2）确定打开的素材图像为选中状态，单击"位图"|"三维效果"|"卷页"命令，弹出"卷页"对话框，在其中单击"右下角卷页"按钮，设置"宽度"为 65、"高度"为 70，分别选中"垂直的"和"透明的"单选按钮，如图 10-8 所示。

图 10-7　打开素材图像　　　　　　　图 10-8　"卷页"对话框

（3）单击"确定"按钮，即可为图像创建卷页效果，如图 10-9 所示。

图 10-9　卷页效果

10.1.5　透视

"透视"滤镜中有两种透视类型，即"透视"和"切变"。设置为"透视"类型时，可以对图像的四边产生任何角度的改变；设置为"切变"类型时，可保持图像的对边始终处于平行状态。

图 10-10　"透视"对话框

选择一幅位图图像，单击"位图"|"三维效果"|"透视"命令，弹出"透视"对话框，如图 10-10 所示。在该对话框的"类型"选项区中选中"透视"或"切变"单选按钮，在左侧的预览窗口中拖曳方框的节点，可以改变透视效果。图 10-11 所示即为使用"透视"滤镜前后的效果。

图 10-11　应用"透视"滤镜前后的效果

10.1.6 挤远/挤近

"挤远/挤近"滤镜中有两种变形形态，即以确定的中心点向外扩张和以确定的中心点向内挤压，使图像产生被挤近或挤远的效果。选择一幅位图图像，单击"位图"|"三维效果"|"挤远/挤近"命令，弹出"挤远/挤近"对话框，如图 10-12 所示。

在该对话框中通过拖曳"挤远/挤近"滑块，可以设置图像挤远或挤近的深度。向右拖曳滑块，可以拉远图像；向左拖曳滑块，可以挤近图像。图 10-13 所示即为使用"挤远/挤近"滤镜前后的效果。

图 10-12　"挤远/挤近"对话框　　　　图 10-13　应用"挤远/挤近"滤镜前后的效果

10.1.7 球面

使用"球面"滤镜，可以使位图图像产生被包围在球体内侧或外侧的效果。选择一幅位图图像，单击"位图"|"三维效果"|"球面"命令，弹出"球面"对话框，如图 10-14 所示。

在该对话框的"优化"选项区中选中"速度"或"质量"单选按钮，并拖曳"百分比"滑块，设置球面化的程度。图 10-15 所示即为使用"球面"滤镜前后的效果。

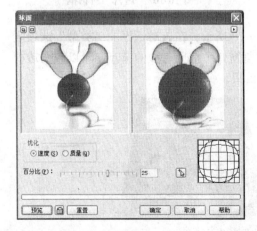

图 10-14　"球面"对话框　　　　图 10-15　应用"球面"滤镜前后的效果

10.2 艺术笔触

使用艺术笔触滤镜可以创建类似于手工绘画的图像效果。在 CorelDRAW X4 中共有 14 种不同的艺术笔触滤镜，包括炭笔画、单色蜡笔画、蜡笔画、立体派、印象派、调色刀、彩色蜡笔画、钢笔画、点彩派、木版画、素描、水彩画、水印画和波纹纸画。

10.2.1 炭笔画

通过对"炭笔画"滤镜大小和边缘的设置，可以将位图图像转换为具有素描效果的图像。选择一幅位图图像，单击"位图"|"艺术笔触"|"炭笔画"命令，弹出"炭笔画"对话框，如图 10-16 所示。

在该对话框中拖曳"大小"滑块，可以改变笔的粗细；拖曳"边缘"滑块，可以改变图像的边缘效果。图 10-17 所示即为使用"炭笔画"滤镜前后的效果。

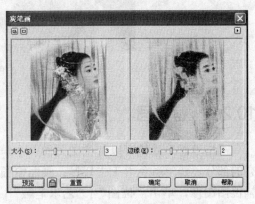

图 10-16 "炭笔画"对话框

图 10-17 应用"炭笔画"滤镜前后的效果

10.2.2 单色蜡笔画

"单色蜡笔画"滤镜是一种可以为图像创建单色蜡笔绘画效果的滤镜。

选择一幅位图图像，单击"位图"|"艺术笔触"|"单色蜡笔画"命令，弹出"单色蜡笔画"对话框。在该对话框的"单色"选项区中选择不同的颜色，设置使用滤镜的位图图像的颜色；在"纸张颜色"下拉列表框中可以选择纸张的颜色；拖曳"压力"滑块，可以模拟不同压力下蜡笔绘制的效果；拖曳"底纹"滑块，可以改变蜡笔笔头的大小。图 10-18 所示即为使用"单色蜡笔画"滤镜前后的效果。

图 10-18　应用"单色蜡笔画"滤镜前后的效果

10.2.3　蜡笔画

"蜡笔画"滤镜可以使位图图像产生一种类似于用彩色蜡笔绘画的效果。画面中颜色较亮的部分,蜡笔颜色看上去较厚;画面中颜色较暗的部分,蜡笔颜色似乎被擦除了。选择一幅位图图像,单击"位图"|"艺术笔触"|"蜡笔画"命令,弹出"蜡笔画"对话框,如图 10-19 所示。在该对话框中拖曳"大小"滑块,可以调整蜡笔笔头的大小;拖曳"轮廓"滑块,可以改变轮廓的细节。图 10-20 所示即为使用"蜡笔画"滤镜后的效果。

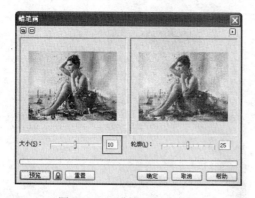

图 10-19　"蜡笔画"对话框　　　　　　　　　图 10-20　"蜡笔画"滤镜效果

10.2.4　立体派

使用"立体派"滤镜,可以将相同颜色的像素组成小方块,为位图图像创建立体派绘画风格的效果。选择一幅位图图像,单击"位图"|"艺术笔触"|"立体派"命令,弹出"立体派"对话框,如图 10-21 所示。

在该对话框中拖曳"大小"滑块,可以调节图像对象颜色相同部分像素的密集程度;拖曳"亮度"

图 10-21　"立体派"对话框

滑块，可以调节图像对象的明暗程度；在"纸张色"下拉列表框中，可以选择纸张的颜色。

10.2.5 印象派

"印象派"滤镜可以使位图产生一种类似于绘画艺术中印象派风格的绘画效果。制作印象派效果的具体操作步骤如下：

（1）单击"文件"|"打开"命令或按【Ctrl＋O】组合键，打开一幅素材图像，如图 10-22 所示。

（2）确定打开的素材图像为选中状态，单击"位图"|"艺术笔触"|"印象派"命令，弹出"印象派"对话框，在其中选中"色块"单选按钮，设置"色块大小"为 10、"着色"为 45、"亮度"为 62，单击"预览"按钮，如图 10-23 所示。

（3）单击"确定"按钮，即可为图像创建印象派效果，如图 10-24 所示。

图 10-22 打开素材图像

图 10-23 "印象派"对话框

图 10-24 印象派效果

10.2.6 调色刀

使用"调色刀"滤镜，可以使图像产生像在画布上涂抹的效果。选择一幅位图图像，单击"位图"|"艺术笔触"|"调色刀"命令，弹出"调色刀"对话框，如图 10-25 所示。

在该对话框中拖曳"刀片尺寸"滑块，可以设置叶片的锋利程度，数值越小，叶片越锋利，位图的油画效果越明显；拖曳"柔软边缘"滑块，可以设置叶片的坚硬程度，数值越大，位图的叶片效果越不光滑。图 10-26 所示即为使用"调色刀"滤镜前后的效果。

图 10-25 "调色刀"对话框

图 10-26 应用"调色刀"滤镜前后的效果

10.2.7 彩色蜡笔画

使用"彩色蜡笔画"滤镜，可以为位图创建彩色蜡笔绘画的效果。选择一幅位图图像，单击"位图"|"艺术笔触"|"彩色蜡笔画"命令，弹出"彩色蜡笔画"对话框。在该对话框中"彩色蜡笔类型"选项区用于设置笔刷的类型，包括"柔性"和"油性"两个单选按钮；拖曳"笔触大小"滑块，可调整笔触的笔头大小；拖曳"色度变化"滑块，可以调整图像的色调。图 10-27 所示即为使用"彩色蜡笔画"滤镜前后的效果。

图 10-27 应用"彩色蜡笔画"滤镜前后的效果

10.2.8 钢笔画

使用"钢笔画"滤镜，可以将位图转换成类似于钢笔绘画的效果。选择一幅位图图像，单击"位图"|"艺术笔触"|"钢笔画"命令，弹出"钢笔画"对话框。在该对话框中"样式"选项区用于设置笔刷的类型，包括"交叉阴影"或"点画"两个单选按钮；拖曳"密度"滑块，可调整墨水色彩的紧密程度；拖曳"墨水"滑块，可调整墨水的数量，数值越大，图像越偏于黑色，数值越小，图像越偏于白色。图 10-28 所示即为使用"钢笔画"滤镜前后的效果。

图 10-28 应用"钢笔画"滤镜前后的效果

10.2.9　点彩派

使用"点彩派"滤镜，可以将位图转换为由大量色点组成的绘画效果。选择一幅位图图像，单击"位图"|"艺术笔触"|"点彩派"命令，弹出"点彩派"对话框，如图 10-29 所示。

在该对话框中拖曳"大小"滑块，可调整色点的大小；拖曳"亮度"滑块，可调整图像颜色的亮度。

图 10-29　"点彩派"对话框

10.2.10　木版画

使用"木版画"滤镜，可以使图像产生木版刮涂的绘画效果。选择一幅位图图像，单击"位图"|"艺术笔触"|"木版画"命令，弹出"木版画"对话框。在该对话框中"刮痕至"选项区用于设置木版的颜色，其中包括"颜色"和"白色"两个单选按钮；拖曳"密度"滑块，可调整木版画效果中线条的密度；拖曳"大小"滑块，可调整木版画效果中线条的尺寸。图 10-30 所示即为使用"木版画"滤镜前后的效果。

图 10-30　应用"木版画"滤镜前后的效果

10.2.11　素描

"素描"滤镜可以使位图图像产生类似于素描、速写等手绘的效果。制作素描效果的具体操作步骤如下：

（1）单击"文件"|"打开"命令或按【Ctrl＋O】组合键，打开一幅素材图像，如图 10-31 所示。

（2）确定打开的素材图像为选中状态，单击"位图"|"艺术笔触"|"素描"命令，弹出"素描"对话框，在其中选中"碳色"单选

图 10-31　打开素材图像

按钮，设置"样式"为25、"笔芯"为55、"轮廓"为40，单击"预览"按钮，如图10-32所示。

（3）单击"确定"按钮，即可为图像创建素描效果，如图10-33所示。

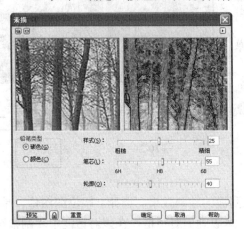

图 10-32　"素描"对话框　　　　　　　　　　　图 10-33　素描效果

10.2.12　水彩画

使用"水彩画"滤镜，可以使图像产生类似于水彩笔绘画的效果。选择一幅位图图像，单击"位图"|"艺术笔触"|"水彩画"命令，弹出"水彩画"对话框。在该对话框中拖曳"画刷大小"滑块，可调整笔划的粗细程度；拖曳"粒状"滑块，可调整笔划的粗糙程度；拖曳"水量"滑块，可调整颜色料含水的多少；拖曳"出血"滑块，可调整颜色的扩散程度；拖曳"亮度"滑块，可调整图像的亮度。图10-34所示即为使用"水彩画"滤镜前后的效果。

图 10-34　应用"水彩画"滤镜前后的效果

10.2.13　水印画

使用"水印画"滤镜，可以使位图产生像水彩斑点一样的绘画效果。选择一幅位图图像，单击"位图"|"艺术笔触"|"水印画"命令，弹出"水印画"对话框。在该对话框的"变化"选项区中，可选择不同的图案；拖曳"大小"滑块，可调整笔尖的粗细程度；拖曳"颜色变化"滑块，可调整笔划之间的颜色对比度。图10-35所示为使用"水印画"滤镜前后的效果。

图 10-35 应用"水印画"滤镜前后的效果

10.2.14 波纹纸画

使用"波纹纸画"滤镜,可以使图像产生像绘制在带有底纹的滤纹纸上的绘画效果。选择一幅位图图像,单击"位图"|"艺术笔触"|"波纹纸画"命令,弹出"波纹纸画"对话框。在该对话框中"笔刷颜色模式"选项区用于设置笔刷的颜色,其中包括"颜色"或"黑白"两个单选按钮;拖曳"笔刷压力"滑块,可调整波纹纸画的颜色深浅程度。图 10-36 所示即为使用"波纹纸画"滤镜前后的效果。

图 10-36 应用"波纹纸画"滤镜前后的效果

10.3 模糊

CorelDRAW X4 的"模糊"滤镜组中提供了 9 种模糊滤镜,使用这些滤镜可以使位图图像中的像素软化并混合,从而产生柔和、平滑和动态的效果。

10.3.1 高斯式模糊

使用"高斯式模糊"滤镜,可以使全图产生被薄雾笼罩的高斯雾化效果。选择一幅位图图像,单击"位图"|"模糊"|"高斯式模糊"命令,弹出"高斯式模糊"对话框。在该对话框中拖曳"半径"滑块,可以调整高斯模糊的程度。图 10-37 所示即为使用"高斯式模糊"滤镜前后的效果。

图 10-37 应用"高斯式模糊"滤镜前后的效果

10.3.2 锯齿状模糊

使用"锯齿状模糊"滤镜，可以为高对比度图像创建柔和的模糊效果。选择一幅位图图像，单击"位图"|"模糊"|"锯齿状模糊"命令，弹出"锯齿状模糊"对话框，如图 10-38 所示。

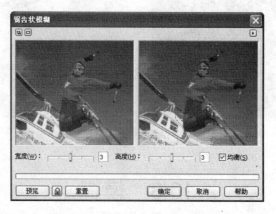

图 10-38 "锯齿状模糊"对话框

在该对话框中拖曳"宽度"和"高度"滑块，可以调整位图图像宽度和高度上的像素数量；选中"均衡"复选框，可以同时改变"宽度"和"高度"的参数值。

10.3.3 动态模糊

使用"动态模糊"滤镜，可以使图像产生一种因快速运动而形成的动态模糊效果。选择一幅位图图像，单击"位图"|"模糊"|"动态模糊"命令，弹出"动态模糊"对话框。在该对话框中拖曳"间隔"滑块，可以调整图像产生运动特效后偏移的距离；拖曳"方向"旋转

区中的指针，可以调整图像模糊的方向；在"图像外围取样"选项区中，可以选择图像外围取样的部分。图 10-39 所示即为使用"动态模糊"滤镜前后的效果。

图 10-39　应用"动态模糊"滤镜前后的效果

10.3.4　放射式模糊

使用"放射式模糊"滤镜可以使图像产生从中心点放射模糊的效果。中心点位置的区域不变，离中心点越远，图像的模糊效果越强。制作放射状模糊效果的具体操作步骤如下：

（1）单击"文件"|"打开"命令或按【Ctrl＋O】组合键，打开一幅素材图像。

（2）确定打开的素材图像为选中状态，单击"位图"|"模糊"|"放射式模糊"命令，弹出"放射状模糊"对话框，在其中设置"数量"为 4，单击"预览"按钮，如图 10-40 所示。

（3）单击"确定"按钮，即可为图像创建放射状模糊效果，如图 10-41 所示。

图 10-40　"放射状模糊"对话框　　　　　　　　　图 10-41　放射状模糊效果

10.3.5　缩放模糊

使用"缩放"滤镜，可以使图像的像素点从中心点向外模糊，离中心点越近，模糊效果越弱。

选择一幅位图图像，单击"位图"|"模糊"|"缩放"命令，弹出"缩放"对话框。在该对话框中拖曳"数量"滑块，可以调整图形模糊的强弱程度。图 10-42 所示即为使用"缩放"滤镜前后的效果。

图 10-42　应用"缩放"滤镜前后的效果

　　"定向模糊"、"低频通行"、"放射式模糊"、"柔和"和"缩放"滤镜，可以应用于除"48位 RGB"、"16 位灰度"、"调色板"和"黑白"模式之外的图像；"高斯式模糊"、"锯齿状模糊"、"动态模糊"和"平滑效果"滤镜，可以应用于除"调色板"和"黑白"模式之外的图像。

10.4　相机

　　"相机"滤镜组中只包括一个"扩散"滤镜，运用该滤镜可以使位图图像产生分离模糊的效果。应用"扩散"滤镜的具体操作步骤如下：

　　（1）按【Ctrl＋O】组合键，打开一个素材图像文件，单击"位图"|"相机"|"扩散"命令，弹出"扩散"对话框，展开预览窗口，并设置"层次"的值为 80，单击"预览"按钮，如图 10-43 所示。

　　（2）单击"确定"按钮，即可应用"扩散"滤镜效果，如图 10-44 所示。

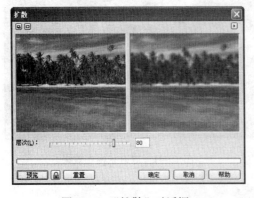

图 10-43　"扩散"对话框　　　　　　　　　图 10-44　应用"扩散"滤镜效果

10.5　颜色变换

　　"颜色转换"滤镜组中的滤镜主要用于改变位图的色彩，使图像产生奇特的色彩变化，从而创建出丰富多彩的色彩效果。

10.5.1　位平面

使用"位平面"滤镜，可以将图像中的颜色减少到只有基本的 RGB 颜色，并使用纯色来表现色调，该滤镜效果适用于分析图像的渐变。选择一幅位图图像，单击"位图"|"颜色转换"|"位平面"命令，弹出"位平面"对话框，取消选中"应用于所有位面"复选框，并在对话框中设置其他各项参数（如图 10-45 所示），单击"确定"按钮，即可应用"位平面"滤镜效果，如图 10-46 所示。

图 10-45　"位平面"对话框　　　　　　图 10-46　应用"位平面"滤镜效果

10.5.2　半色调

使用"半色调"滤镜，可以为图像创建彩色的半色调效果，从而使位图产生网格效果。选择一幅位图图像，单击"位图"|"颜色变换"|"半色调"命令，弹出"半色调"对话框。在该对话框中拖曳"青"、"品红"、"黄"和"黑"滑块，可以改变图像中的色彩；拖曳"最大点半径"滑块，可以设置图像中添加的斑点的大小。图 10-47 所示即为使用"半色调"滤镜前后的效果。

图 10-47　应用"半色调"滤镜前后的效果

10.5.3　梦幻色调

使用"梦幻色调"滤镜，可以将图像中的颜色转换为明亮的电子色，从而创建出一种梦

幻般的效果。选择一幅位图图像，单击"位图"|"颜色变换"|"梦幻色调"命令，弹出"梦幻色调"对话框。在该对话框中拖曳"层次"滑块，可调整梦幻效果的强度。图 10-48 所示即为使用"梦幻色调"滤镜前后的效果。

图 10-48　应用"梦幻色调"滤镜前后的效果

 专家指点

> 使用"曝光"滤镜，可以使图像转换为类似于摄影中的底片效果，从而使位图图像产生曝光效果。

10.6　轮廓图

轮廓图滤镜中包括 3 种滤镜，即"边缘检测"滤镜、"查找边缘"滤镜和"描摹轮廓"滤镜。使用轮廓图滤镜，可以突出和增强图像的边缘部分。

10.6.1　边缘检测

使用"边缘检测"滤镜，可以找到图像中各对象的边缘，并为其加入不同的轮廓效果，包括色彩与边缘的敏感度。选择一幅位图图像，单击"位图"|"轮廓图"|"边缘检测"命令，弹出"边缘检测"对话框。在该对话框的"背景色"选项区设置检测的背景颜色，并拖曳"灵敏度"滑块调整图像检测的灵敏度。图 10-49 所示即为使用"边缘检测"滤镜前后的效果。

图 10-49　应用"边缘检测"滤镜前后的效果

10.6.2　查找边缘

使用"查找边缘"滤镜可以检测图像中对象的边缘，并将其转换为柔和的或者尖锐的曲线，边缘将以较亮的颜色显示。制作"查找边缘"滤镜效果的具体操作步骤如下：

（1）单击"文件"|"打开"命令或按【Ctrl＋O】组合键，打开一幅素材图像，确定打开的素材图像为选中状态，单击"位图"|"轮廓图"|"查找边缘"命令，弹出"查找边缘"对话框，在其中选中"软"单选按钮，设置"层次"为 45，单击"预览"按钮，如图 10-50 所示。

（2）单击"确定"按钮，即可为图像创建轮廓效果，如图 10-51 所示。

图 10-50　"查找边缘"对话框　　　　　　　　图 10-51　轮廓效果

10.6.3　描摹轮廓

"描摹轮廓"滤镜适用于包含文本的高对比度位图图像，以突出图像中各对象的边缘。

选择一幅位图图像，单击"位图"|"轮廓图"|"描摹轮廓"命令，弹出"描摹轮廓"对话框。在该对话框中，"边缘类型"选项区用于选择边缘类型；拖曳"层次"滑块，可以调整查找边缘的强烈程度。图 10-52 所示即为使用"描摹轮廓"滤镜前后的效果。

图 10-52　应用"描摹轮廓"滤镜前后的效果

10.7　创造性

"创造性"滤镜组为用户提供了 14 种滤镜，运用这些滤镜可以模仿生成工艺品、纺织物的表面，也可为图像添加框架和天气等效果，是用户制作精美作品的好帮手。

10.7.1　工艺

"工艺"滤镜是将系统提供的工艺样式应用于选择的位图图像上，从而使图像产生拼贴、齿轮、弹珠、瓷砖等效果。利用"工艺"滤镜制作拼图效果的具体操作步骤如下：

（1）单击"文件"|"打开"命令或按【Ctrl＋O】组合键，打开一幅素材图像，确定打开的素材图像为选中状态，单击"位图"|"创造性"|"工艺"命令，弹出"工艺"对话框，在其中设置"样式"为"拼图板"、"大小"为 6、"完成"为 100、"亮度"为 89、"旋转"为 270，单击"预览"按钮，如图 10-53 所示。

（2）单击"确定"按钮，即可为图像创建拼图效果，如图 10-54 所示。

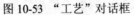

图 10-53　"工艺"对话框

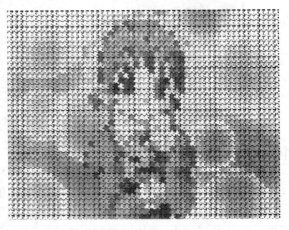

图 10-54　拼图效果

10.7.2　晶体化

使用"晶体化"滤镜，可以将位图图像转换为水晶碎块图形效果，如图 10-55 所示。

图 10-55　应用"晶体化"滤镜前后的效果

10.7.3　织物

使用"织物"滤镜，可以为位图图像添加不同织物的底纹效果，如图 10-56 所示。

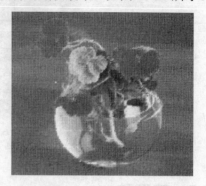

图 10-56　应用"织物"滤镜前后的效果

10.7.4　框架

使用"框架"滤镜可以为位图图像添加一个边框，从而产生相框效果，其创建方法如下：

（1）单击"文件"|"打开"命令或按【Ctrl＋O】组合键，打开一幅素材图像，如图 10-57 所示。

（2）确定打开的素材图像为选中状态，单击"位图"|"创造性"|"框架"命令，弹出"框架"对话框，单击"修改"选项卡，在其中设置"颜色"为"白色"、"不透明"为 100、"模糊/羽化"为 0、"调和"为"常规"、"水平"为 140、"垂直"为 112、"旋转"为 0，单击"预览"按钮，如图 10-58 所示。

图 10-57　打开素材图像

图 10-58　"框架"对话框

（3）单击"确定"按钮，即可为图像创建相框效果，如图 10-59 所示。

图 10-59　相框效果

10.7.5　玻璃砖

使用"玻璃砖"滤镜，可以为位图图像添加玻璃纹理效果，如图 10-60 所示。

图 10-60　应用"玻璃砖"滤镜前后的效果

10.7.6　儿童游戏

使用"儿童游戏"滤镜，可以将位图图像制作成具有童趣的图像，如图 10-61 所示。

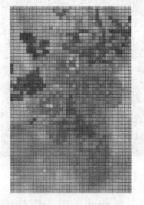

图 10-61　应用"儿童游戏"滤镜前后的效果

10.7.7　马赛克

使用"马赛克"滤镜，可以使位图图像产生由若干色块组合而成的图像效果，如图 10-62 所示。

图 10-62　应用"马赛克"滤镜前后的效果

10.7.8　粒子

使用"粒子"滤镜，可以在位图图像中添加星星或气泡效果。单击"位图"|"创造性"|"粒子"命令，弹出"粒子"对话框。该对话框中的"样式"选项区用于设置粒子的类型，包括"星星"和"气泡"两个选项，拖曳右侧的滑块，可以设置其效果的强弱程度。如图 10-63 所示为应用"粒子"滤镜前后的效果。

图 10-63　应用"粒子"滤镜前后的效果

10.7.9　散开

使用"散开"滤镜，可以使位图图像虚化分散，从而产生一种虚化效果，如图 10-64 所示。

10.7.10　茶色玻璃

使用"茶色玻璃"滤镜，可以为图像添加一层色彩，从而使图像产生一种被一层颜色笼罩后的玻璃效果。

图 10-64　应用"散开"滤镜前后的效果

10.7.11　彩色玻璃

使用"彩色玻璃"滤镜，可使彩色碎玻璃效果的色块之间产生边界效果，如图 10-65 所示。

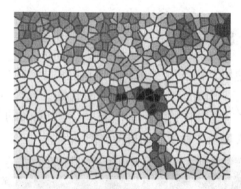

图 10-65　应用"彩色玻璃"滤镜前后的效果

10.7.12　虚光

使用"虚光"滤镜，可以使位图图像的边缘产生朦胧感，从而形成羽化效果，并可以设置羽化边缘的颜色，如图 10-66 所示。

图 10-66　应用"虚光"滤镜前后的效果

10.7.13   旋涡

使用"旋涡"滤镜，可以使位图图像产生一种以中心位置为旋转点的旋转效果，如图 10-67 所示。

图 10-67   应用"旋涡"滤镜前后的效果

10.7.14   天气

使用"天气"滤镜可以为位图图像添加雨、雪、雾等效果，图 10-68 所示即为添加雪景前后的效果。

图 10-68   应用"天气"滤镜前后的效果

10.8   扭曲

使用扭曲滤镜，可以为位图图像添加各种扭曲变形效果。扭曲滤镜组提供了 10 种滤镜："块状"、"置换"、"偏移"、"像素"、"龟纹"、"旋涡"、"平铺"、"湿笔画"、"涡流"和"风吹"，下面介绍最常用的几种滤镜。

10.8.1   块状

"块状"滤镜可以将位图图像分割成多个不规则的小碎块，块与块之间存在一定的缝隙，用户可以根据需要对缝隙进行颜色填充。应用"块状"滤镜的具体操作步骤如下：

（1）按【Ctrl＋O】组合键，打开素材图形文件，选择位图图像，单击"位图"|"扭曲"|"块状"命令，弹出"块状"对话框，展开预览窗口，单击"未定义区域"下拉列表框右侧的下三角按钮，在弹出的下拉列表中选择"白色"选项，并设置"块宽度"和"块高度"的值都为20，单击"预览"按钮，如图 10-69 所示。

（2）单击"确定"按钮，即可应用"块状"滤镜效果，如图 10-70 所示。

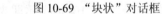

图 10-69　"块状"对话框

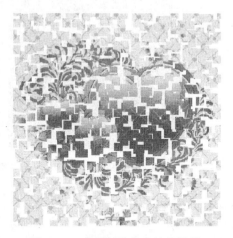

图 10-70　应用"块状"滤镜效果

10.8.2　像素

使用"像素"滤镜，可以将图像分割为正方形、矩形或者放射状的小方块。在"像素"对话框中，"正方形"或"矩形"选项用于创建夸张的数字化图像效果，"射线"选项用于创建蜘蛛网图像效果。

选择一幅位图图像，单击"位图"|"扭曲"|"像素"命令，弹出"像素"对话框。在该对话框的"像素化模式"选项区中，可选择图像中像素点分散的模式；在"调整"选项区中拖曳滑块，可调整像素点在位图宽度和高度上的大小，以及像素点的透明程度。图 10-71 所示即为使用"像素"滤镜前后的效果。

图 10-71　应用"像素"滤镜前后的效果

10.8.3　湿笔画

使用"湿笔画"滤镜可以使位图图像产生一种雨水滴下的效果，单击"位图" | "扭曲" | "湿笔画"命令，弹出"湿笔画"对话框。在该对话框中拖曳"润湿"滑块，可调整笔画颜色的深浅；拖曳"百分比"滑块，可调整画笔的粗细。图 10-72 所示即为使用"湿笔画"滤镜前后的效果。

图 10-72　应用"湿笔画"滤镜前后的效果

10.8.4　风吹效果

使用"风"滤镜可以使图像产生风吹过的效果，其创建方法如下：

（1）单击"文件" | "打开"命令或按【Ctrl＋O】组合键，打开一幅素材图像，确定打开的素材图像为选中状态，单击"位图" | "扭曲" | "风吹效果"命令，弹出"风吹效果"对话框，在其中设置"浓度"为 100、"不透明"为 100、"角度"为 180，单击"预览"按钮，如图 10-73 所示。

（2）单击"确定"按钮，即可为图像添加风吹效果，如图 10-74 所示。

图 10-73　"风"对话框　　　　　　图 10-74　风吹效果

10.9　杂点

　　"杂点"滤镜组为用户提供了"添加杂点"、"最大值"、"中值"、"最小"、"去除龟纹"和"去除杂点"6 种滤镜，运用这些滤镜可以创建出与众不同的纹理或移除图像中有问题的区域。

10.9.1　添加杂点

　　使用"添加杂点"滤镜，可以为图像添加颗粒状的杂点，从而使图像给人一种光滑而不呆板的感觉。

　　单击"位图"|"杂点"|"添加杂点"命令，弹出"添加杂点"对话框。在该对话框的"杂点类型"选项区中可以选择杂点的类型；拖曳"层次"滑块，可以调整所选类型的杂点强度；拖曳"密度"滑块，可以调整添加杂点的分布密度；在"颜色模式"选项区中，可以选择一种颜色模式。图 10-75 所示即为使用"添加杂点"滤镜前后的效果。

图 10-75　应用"添加杂点"滤镜前后的效果

10.9.2　去除杂点

　　使用"去除杂点"滤镜，可减少扫描的图像或者抓取的视频图像中的杂点，使图像变得柔和。

　　单击"位图"|"杂点"|"去除杂点"命令，弹出"去除杂点"对话框。在该对话框中，若选中"自动"复选框，可以自动去除图像杂点；若取消选择该复选框，可以通过拖曳"阈值"滑块，调整去除图像杂点的范围。图 10-76 所示即为使用"去除杂点"滤镜前后的效果。

图 10-76　应用"去除杂点"滤镜前后的效果

10.10　鲜明化

CorelDRAW X4 提供了 5 种鲜明化滤镜，包括"适应非鲜明化"、"定向柔化"、"高通滤波器"、"鲜明化"和"非鲜明化遮罩"滤镜。使用这些滤镜，可以使图像的边缘更加鲜明、锐化。下面介绍两种比较常用的滤镜："高通滤波器"滤镜和"鲜明化"滤镜。

10.10.1　高通滤波器

使用"高通滤波器"滤镜，可以为位图图像设置灰度效果，从而消除图像中的细节部分。

单击"位图"|"鲜明化"|"高通滤波器"命令，弹出"高通滤波器"对话框。在该对话框中拖曳"百分比"滑块，可调整高通滤波器的效果；拖曳"半径"滑块，可调整颜色渗出的距离。图 10-77 所示即为使用"高通滤波器"滤镜前后的效果。

图 10-77　应用"高通滤波器"滤镜前后的效果

10.10.2　鲜明化

使用"鲜明化"滤镜，可以找到图像的边缘并增强相邻像素点与背景之间的对比度，进而突出图像的边缘，使图像轮廓更加鲜明、锐化。

单击"位图"|"鲜明化"|"鲜明化"命令，弹出"鲜明化"对话框。在该对话框中拖曳"边缘层次"滑块，可调整图像鲜明化的强弱；拖曳"阈值"滑块，可调整图像鲜明化区域的大小；选中"保护颜色"复选框，可以将效果应用于像素点的亮度值。图 10-78 所示即为使用"鲜明化"滤镜前后的效果。

图 10-78　应用"鲜明化"滤镜前后的效果

习题与上机操作

一、填空题

1. 三维滤镜组中包括 7 种三维滤镜，分别为＿＿＿＿、"柱面"、＿＿＿＿、"卷页"、"透视"、"挤远/挤近" 和 "球面" 滤镜。

2. "透视" 滤镜有两种透视类型，即＿＿＿＿和＿＿＿＿。

3. 使用＿＿＿＿滤镜，可以找到图像中各对象的边缘，将其转换为柔和或者尖锐的曲线。

4. "天气" 滤镜可以为位图图像添加＿＿＿＿、雪和＿＿＿＿3 种天气特效，以模仿自然界真实的天气现象。

二、思考题

1. "创造性" 滤镜组中的滤镜有哪些作用？

2. "鲜明化" 滤镜组中包括哪些滤镜？

三、上机操作

1. 导入一幅位图图像，制作如图 10-79 所示的缩放效果。

图 10-79　缩放效果

关键提示：单击 "位图" | "模糊" | "缩放" 命令，弹出 "缩放" 对话框，设置 "数量" 为 30。

2. 导入一幅位图图像，制作如图 10-80 所示的虚光效果。

图 10-80　虚光效果

关键提示：单击 "位图" | "创造性" | "虚光" 命令，弹出 "虚光" 对话框，设置 "颜色" 为 "白色"、"形状" 为 "椭圆"、"偏移" 为 100、"褪色" 为 75。

第 11 章　CorelDRAW 白金案例实训

　　通过前面 10 章的学习，读者应该已经掌握了 CorelDRAW X4 的核心内容，但在实际应用中，往往还是不能完全发挥出这款软件的设计威力。为此，本章将通过实例来介绍 CorelDRAW 的实际应用，帮助读者达到立竿见影的学习效果。

学习重点和难点

　　💻　通过白金案例实训掌握和巩固前面所学知识
　　💻　通过案例的综合实训提高实际应用能力

11.1　时尚人物插画设计

案例说明

　　本案例设计的是一幅时尚人物插画。画面以一幅暖色调的图像作为背景，与画面中人物的颜色形成对比，以此可以相互衬托。整个画面的颜色非常鲜艳，线条光滑、柔和，从视觉上能吸引读者，从而受到读者的青睐。

知识要点

　　本案例在制作的过程中主要使用了贝塞尔工具来绘制路径，以此作为人物的轮廓，其次使用了椭圆工具，并对其填充颜色，此外还使用了渐变填充工具、滴管工具、颜料桶工具，完成整体效果的制作。

案例效果

　　本案例效果如图 11-1 所示。

图 11-1　时尚人物插画

11.1.1 绘制头部图形

绘制时尚人物插画头部图形的具体操作步骤如下：

（1）单击"文件"|"新建"命令或按【Ctrl＋N】组合键，新建一个文件，在其属性栏中设置"纸张宽度和高度"分别为 210.0mm 和 297.0mm。

（2）选取工具箱中的贝塞尔工具，移动鼠标指针至页面中，单击鼠标左键确定路径的起始点，移动鼠标指针至另一位置处，拖曳鼠标绘制路径，如图 11-2 所示。

（3）依次创建其他点绘制一个闭合路径，作为人物的头部图形，如图 11-3 所示。

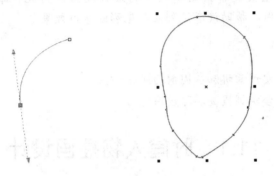

图 11-2 绘制路径（一）　　图 11-3 绘制闭合路径（一）

（4）确定绘制的图形为选中状态，选取工具箱中的均匀填充工具，弹出"均匀填充"对话框，在其中设置 RGB 的参数值分别为 240、181、145，如图 11-4 所示。

（5）单击"确定"按钮即可为图形填充颜色。选取工具箱中的轮廓笔工具，弹出"轮廓笔"对话框，在其中设置"颜色"为深红色（RGB 的参数值分别为 186、86、83）、"宽度"为 0.025，单击"确定"按钮为图形填充轮廓色，效果如图 11-5 所示。

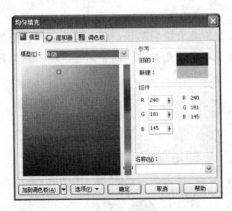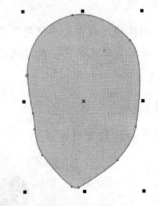

图 11-4 "均匀填充"对话框　　　　图 11-5 填充颜色（一）

（6）参照步骤（2）～（4）的操作方法，绘制一个闭合路径图形，并选取工具箱中的均匀填充工具，在弹出的"均匀填充"对话框中设置 RGB 的参数值分别为 240、181、145，单击"确定"按钮为图形填充颜色。

（7）选取工具箱中的轮廓笔工具，在弹出的"轮廓笔"对话框中设置"颜色"为肉色（RGB 的参数值分别为 186、86、83）、"轮廓宽度"为 0.018，单击"确定"按钮为图形填充颜色，效果如图 11-6 所示。

　　（8）参照步骤（2）～（4）的操作方法，绘制一条闭合路径，作为人物耳朵内结构图形。选取工具箱中的均匀填充工具，弹出"均匀填充"对话框，设置 RGB 的参数值分别为 186、86、83，效果如图 11-7 所示。

　　（9）选取工具箱中的贝塞尔工具，移动鼠标指针至页面中，绘制一个闭合路径图形，作为人物的眉毛，如图 11-8 所示。

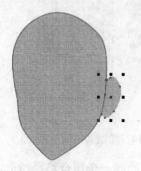 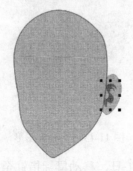 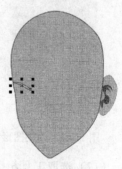

图 11-6　绘制并填充图形（一）　　　图 11-7　绘制并填充图形（二）　　　图 11-8　绘制图形（一）

　　（10）确定上述所绘制的眉毛图形处于选中状态，选取工具箱中的渐变填充工具，弹出"渐变填充"对话框，在其中设置"类型"为"线性"、"角度"为 30、"边界"为 5，在渐变条 61% 的位置双击鼠标左键添加色标，设置渐变色标的颜色从左至右依次为棕色（RGB 的参考值分别为 51、31、24）、赭石色（RGB 的参数值分别为 99、73、64）、白色，单击"确定"按钮为图形填充渐变色。

　　（11）在其属性栏中设置轮廓宽度为"无"，效果如图 11-9 所示。

　　（12）参照步骤（9）～（11）的操作方法，绘制一个闭合路径图形，并填充颜色，作为人物的眉毛，如图 11-10 所示。

　　（13）参照步骤（9）～（11）的操作方法，绘制一个闭合路径图形，在"均匀填充"对话框中设置 RGB 参数值分别为 189、104、107，单击"确定"按钮，为图形填充颜色，并在其属性栏中设置轮廓宽度为"无"，效果如图 11-11 所示。

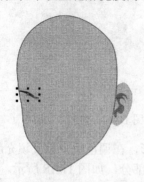 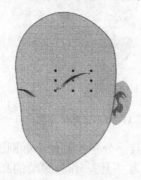 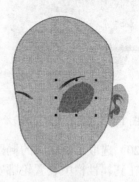

图 11-9　填充渐变效果（一）　　　图 11-10　绘制图形（二）　　　图 11-11　绘制图形（三）

　　（14）参照步骤（9）～（11）的操作方法，绘制如图 11-12 所示的图形，完成人物眼睛的框架。

　　（15）参照步骤（9）～（11）的操作方法，并设置填充颜色的 RGB 参数值分别为 161、

144、132，绘制如图 11-13 所示的图形，作为人物的上眼皮。

（16）参照步骤（9）～（11）的操作方法，绘制如图 11-14 所示的图形，作为人物的眼白部分。

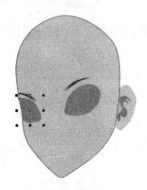
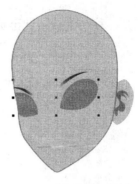

图 11-12　绘制图形（四）　　图 11-13　绘制的图形　　图 11-14　绘制其他图形（一）

（17）选取工具箱中的贝塞尔工具，移动鼠标指针至页面中，绘制一个闭合路径图形，作为人物的眼球，如图 11-15 所示。

（18）确定上述所绘制的闭合路径为选中状态，选取工具箱中的渐变填充工具，弹出"渐变填充"对话框，在其中设置"类型"为"线性"、"角度"为 74.6、"边界"为 19，设置渐变色标的颜色从左至右依次为墨绿色（RGB 的参数值分别为 97、179、199）、深黑色（RGB 的参数值分别为 31、26、23），单击"确定"按钮为眼球图形填充渐变色。选取工具箱中的椭圆工具，将鼠标指针移至页面的合适位置，绘制一个小正圆，作为人物的瞳孔，并填充其颜色为深绿色（RGB 的参数值分别为 42、68、77），效果如图 11-16 所示。

（19）参照步骤（17）、（18）的操作方法，绘制另一个眼球和瞳孔，如图 11-17 所示。

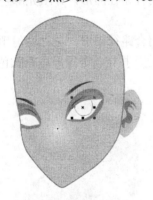
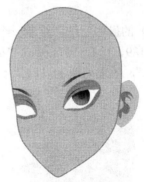

图 11-15　绘制图形（五）　　图 11-16　填充渐变颜色（一）　　图 11-17　绘制其他图形（二）

（20）选取工具箱中的椭圆工具，分别绘制两个椭圆图形，在调色板中设置填充颜色为白色，在其属性栏中设置轮廓宽度为"无"，作为眼睛的高光部分，如图 11-18 所示。

（21）选取工具箱中的贝塞尔工具，绘制一个闭合路径图形，作为人物的眼睑，选取工具箱中的均匀填充工具，弹出"均匀填充"对话框，设置 RGB 的参数值分别为 76、76、76，单击"确定"按钮为路径图形填充颜色，并在其属性栏中设置轮廓宽度为"无"，效果如图 11-19 所示。

（22）参照步骤（21）的操作方法，在现有的图形对象上绘制其他图形对象，效果如图

11-20 所示。

  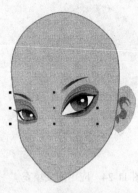

图 11-18　绘制并填充图形（二）　　图 11-19　填充图形（一）　　图 11-20　绘制其他图形（三）

（23）选取工具箱中的贝塞尔工具，设置填充颜色的 RGB 参数值分别为 230、128、126，并设置轮廓宽度为"无"，移动鼠标指针至页面中，绘制一个闭合路径图形，作为人物脸部的腮红，如图 11-21 所示。

（24）确定刚绘制的图形为选中状态，选取工具箱中的渐变填充工具，弹出"渐变填充"对话框，在其中设置"类型"为"射线"、在渐变条上 37% 的位置双击鼠标左键添加色标，设置渐变条的颜色从左至右依次为皮肤色（RGB 的参数值分别为 245、211、193）、土黄色（RGB 的参数值分别为 242、188、155）、粉红色（RGB 的参数值分别为 230、128、126），单击"确定"按钮为图形填充渐变色。

（25）在其属性栏中设置轮廓宽度为"无"，效果如图 11-22 所示。

（26）选取工具箱中的交互式透明工具，移动鼠标指针至页面中，拖曳鼠标添加透明效果，如图 11-23 所示。

 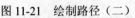 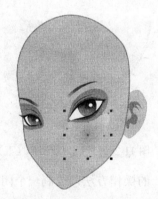 

图 11-21　绘制路径（二）　　图 11-22　填充渐变效果（二）　　图 11-23　添加透明效果

（27）参照步骤（23）～（26）的操作方法，绘制如图 11-24 所示的图形。

（28）选取工具箱中的贝塞尔工具，移动鼠标指针至页面中，绘制一个闭合路径图形，作为人物的鼻子，选取工具箱中的均匀填充工具，弹出"均匀填充"对话框，设置 RGB 的参数值分别为 187、86、83，单击"确定"按钮为图形填充颜色。

（29）在其属性栏中设置轮廓宽度为"无"，效果如图 11-25 所示。

（30）参照步骤（28）、（29）的操作方法，绘制其他图形，并设置好各图形的颜色，效果如图 11-26 所示。

  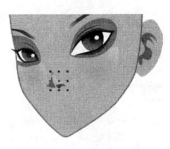

图 11-24 应用渐变填充   图 11-25 绘制并填充图形（一）   图 11-26 绘制图形并填充颜色（一）

（31）参照步骤（28）、（29）的操作方法，绘制一个闭合路径图形，作为人物的上嘴唇，在"均匀填充"对话框中设置 RGB 的参数值分别为 195、100、100，单击"确定"按钮，为图形填充颜色。

（32）选取工具箱中的轮廓笔工具，弹出"轮廓笔"对话框，设置"颜色"为土红色（RGB 参数值分别为 227、153、142）、"宽度"为 0.013，效果如图 11-27 所示。

（33）参照步骤（28）、（29）的操作方法，绘制其他图形，并设置好各图形的填充颜色，完成人物嘴巴的绘制，如图 11-28 所示。

（34）选取工具箱中的贝塞尔工具，在图形对象上绘制一个闭合路径图形，作为人物头发阴影部分，选取工具箱中的均匀填充工具，弹出"均匀填充"对话框，设置 RGB 的参数值分别为 255、204、204，单击"确定"按钮为图形填充颜色。

（35）在其属性栏中设置轮廓宽度为"无"，如图 11-29 所示。

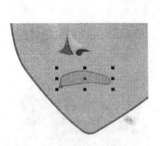 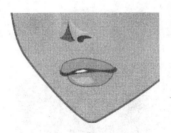 

图 11-27 绘制其他图形（四）   图 11-28 绘制其他图形（五）   图 11-29 绘制并填充图形（二）

（36）参照步骤（34）、（35）的操作方法，绘制一个闭合路径图形，作为人物的头发，如图 11-30 所示。

（37）选取工具箱中的椭圆工具，移动鼠标指针至人物的耳朵图形上，拖曳鼠标绘制一个椭圆图形，选取工具箱中的均匀填充工具，弹出"均匀填充"对话框，设置 RGB 的参数值分别为 186、86、83，单击"确定"按钮为图形填充颜色。

（38）在其属性栏中设置轮廓宽度为"无"，如图 11-31 所示。

（39）选取工具箱中的椭圆工具，在椭圆图形对象上再绘制一个椭圆，选取工具箱中的渐变填充工具，弹出"渐变填充"对话框，选中"自定义"单选按钮，设置"类型"为"线性"、"角度"为 41、"边界"为 14，在渐变条 52% 的位置处双击鼠标左键添加色标，设置渐变条的颜色从左至右依次为灰色（RGB 的参数值分别为 150、149、148）、白色、灰色（RGB 的参数值分别为 150、149、148），单击"确定"按钮，为图形填充渐变色。

（40）在其属性栏中设置轮廓宽度为"无"，如图 11-32 所示。

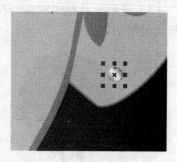

图 11-30　绘制图形（六）　　　图 11-31　填充图形（二）　　　图 11-32　填充渐变颜色（二）

（41）选取工具箱中的贝塞尔工具，在椭圆图形的下方绘制一个闭合路径图形，作为人物的耳环链，并填充与上述椭圆图形一样的渐变色，如图 11-33 所示。

（42）参照步骤（39）、（40）的操作方法，绘制如图 11-34 所示的图形，作为耳环的吊坠。

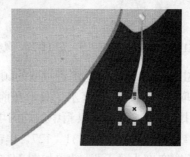

图 11-33　绘制并填充图形（三）　　　　　图 11-34　绘制图形（七）

（43）选中最后绘制的椭圆形，选取工具箱中的均匀填充工具，弹出"均匀填充"对话框，设置 RGB 的参数值分别为 18、163、163，单击"确定"按钮，为图形填充颜色，在其属性栏中设置轮廓宽度为"无"，并适当调整其大小，效果如图 11-35 所示。

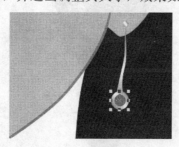

图 11-35　填充图形（三）

11.1.2　绘制肢体及衣服

绘制时尚人物插画的肢体及衣服的具体操作步骤如下：

（1）选取工具箱中的贝塞尔工具，移动鼠标指针至页面中，在人物脸部下方绘制一个闭合路径图形，作为人物的颈部及身体部分，如图 11-36 所示。

（2）选取工具箱中的滴管工具，移动鼠标指针至页面中，在人物脸部图形上单击鼠标左键，吸取该图形的颜色，此时鼠标指针形状如图 11-37 所示。

（3）选取工具箱中的颜料桶工具，移动鼠标指针至上述刚绘制的图形对象上，此时鼠标形状如图 11-38 所示。

图 11-36　绘制图形（八）　图 11-37　鼠标指针形状（一）　图 11-38　鼠标指针形状（二）

（4）单击鼠标左键，填充滴管吸取的颜色，效果如图 11-39 所示。

（5）选取工具箱中的贝塞尔工具，在前面绘制的图形对象上绘制一个闭合路径图形，作为皮肤的阴影部分。选取工具箱中的均匀填充工具，弹出"均匀填充"对话框，在其中设置 RGB 的参数值分别为 227、131、127，单击"确定"按钮，为图形填充颜色，然后在其属性栏中设置轮廓宽度为"无"，效果如图 11-40 所示。

（6）采用与上述相同的方法绘制其他图形，并分别填充适当的颜色，如图 11-41 所示。

图 11-39　填充图形（四）　图 11-40　绘制图形并填充颜色（二）　图 11-41　绘制其他图形并填充颜色（一）

（7）参照步骤（5）的操作方法，使用钢笔工具在页面中绘制一个闭合路径图形，作为人物的衣服，如图 11-42 所示。

（8）确定所绘制的闭合路径图形为选中状态，选取工具箱中的渐变填充工具，弹出"渐变填充"对话框，选中"自定义"单选按钮，设置"类型"为"线性"、"角度"为 78，设置渐变条的颜色从左至右依次为墨绿色（RGB 的参数值分别为 14、128、128）、淡绿色（RGB 的参数值分别为 180、234、240），单击"确定"按钮为图形填充渐变色，然后在其属性栏中设置轮廓宽度为"无"，效果如图 11-43 所示。

（9）参照步骤（5）的操作方法，绘制一个闭合路径图形，作为人物衣服的阴影部分，选取工具箱中的均匀填充工具，弹出"均匀填充"对话框，在其中设置填充颜色的 RGB 参数值分别为 29、117、117，单击"确定"按钮为图形填充颜色，效果如图 11-44 所示。

图 11-42　绘制闭合路径（二）　　图 11-43　填充渐变颜色（三）　　图 11-44　绘制并填充图形（四）

（10）选取工具箱中的贝塞尔工具，移动鼠标指针至页面中，绘制一个闭合路径图形，作为人物的衣服，如图 11-45 所示。

（11）选取工具箱中的滴管工具，移动鼠标指针至右侧人物衣服图形对象上，单击鼠标左键吸取该颜色，如图 11-46 所示。

（12）选取工具箱中的颜料桶工具，移动鼠标指针至刚绘制的衣服图形对象上，单击鼠标左键填充滴管吸取的颜色，效果如图 11-47 所示。

图 11-45　绘制路径（三）　　　　图 11-46　吸取颜色　　　　　图 11-47　填充颜色（二）

（13）参照步骤（10）～（12）的操作方法，绘制如图 11-48 所示的图形。

（14）选取工具箱中的贝塞尔工具，移动鼠标指针至人物衣服的下方，绘制一个闭合路径图形，作为人物的腰带，单击调色板中的"黑"色块，为图形填充颜色，并在其属性栏中设置轮廓宽度为"无"，效果如图 11-49 所示。

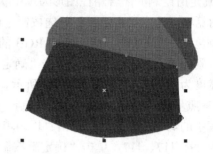

图 11-48　绘制图形（九）　　　　　图 11-49　填充图形（四）

（15）确定刚绘制的图形为选中状态，单击鼠标右键，在弹出的快捷菜单中选择"顺序"|"到图层后面"选项，将图形排列到人物衣服图形的下面，效果如图 11-50 所示。

（16）选取工具箱中的椭圆工具，移动鼠标指针至页面中，在绘制的腰带图形对象上拖曳鼠标，绘制一个椭圆图形。

（17）选取工具箱中的均匀填充工具，弹出"均匀填充"对话框，在其中设置 RGB 的参数值分别为 102、153、153，单击"确定"按钮，为图形填充颜色，并在其属性栏中设置轮廓宽度为"无"，效果如图 11-51 所示。

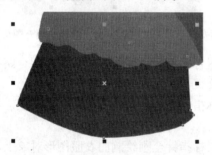

图 11-50　调整图形排列顺序（一）　　　图 11-51　绘制并填充图形（五）

（18）参照步骤（16）、（17）的操作方法，绘制其他图形，并填充相应的颜色，效果如图 11-52 所示。

（19）选取工具箱中的贝塞尔工具，移动鼠标指针至页面中，绘制一个闭合路径图形，作为人物的裙子，如图 11-53 所示。

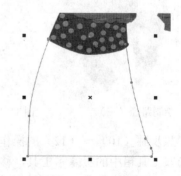

图 11-52　绘制其他图形（六）　　　　图 11-53　绘制图形（十）

（20）确定绘制的闭合路径为选中状态，选取工具箱中的渐变填充工具，弹出"渐变填充"对话框，选中"自定义"单选按钮，设置"类型"为"线性"、"角度"为-90、"边界"为 19，在渐变条 48%的位置处双击鼠标左键添加一个色标，设置渐变条的颜色从左至右依次为墨绿色（RGB 的参数值分别为 48、112、115）、淡蓝色（RGB 的参数值分别为 52、162、168）、绿色（RGB 的参数值分别为 185、244、247），单击"确定"按钮，为图形填充渐变色。

（21）在其属性栏中设置轮廓宽度为"无"，如图 11-54 所示。

（22）参照步骤（19）～（21）的操作方法，绘制其他图形，作为人物裙子的阴影部分，并设置各图形的颜色，效果如图 11-55 所示。

（23）确定绘制的裙子及裙子的阴影为选中状态，按【Ctrl＋G】组合键将这些图形对象群组，然后单击鼠标右键，在弹出的快捷菜单中选择"顺序"|"到页面后面"选项，此时所选群组对象排列到所有图形的最底部，效果如图 11-56 所示。

图 11-54　填充渐变颜色（四）　　　图 11-55　绘制其他图形（七）　　　图 11-56　调整图形排列顺序（二）

（24）选取工具箱中的贝塞尔工具，移动鼠标指针至人物的裙子上，绘制多条线段，如图 11-57 所示。

（25）选取工具箱中的贝塞尔工具，移动鼠标指针至页面中，绘制一个闭合路径图形，作为衣服的袖口，并单击调色板中的"白"色块，为图形填充颜色，效果如图 11-58 所示。

（26）采用同样的方法，绘制其他路径图形，并分别对它们填充合适的颜色，效果如图 11-59 所示。

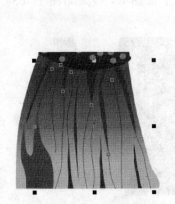  

图 11-57　绘制多条线段　　　图 11-58　绘制图形（十一）　　　图 11-59　绘制其他图形并填充颜色（二）

（27）参照步骤（25）的操作方法，绘制一个闭合路径图形，作为人物的手。选取工具箱中的均匀填充工具，弹出"均匀填充"对话框，在其中设置 RGB 的参数值分别为 240、181、145，单击"确定"按钮，为图形填充颜色，并在其属性栏中设置轮廓宽度为"无"，效果如图 11-60 所示。

（28）参照步骤（25）的操作方法，绘制其他图形，作为人物手部图形的阴影部分。选取工具箱中的均匀填充工具，弹出"均匀填充"对话框，在其中设置 RGB 的参数值分别为 227、131、127，单击"确定"按钮为图形填充颜色，并在其属性栏中设置轮廓宽度为"无"，效果如图 11-61 所示。

（29）选取工具箱中的贝塞尔工具，绘制一个闭合路径图形，作为人物的拇指图形。选取工具箱中的均匀填充工具，弹出"均匀填充"对话框，在其中设置 RGB 的参数值分别为 240、181、145，单击"确定"按钮为图形填充颜色，并在其属性栏中设置轮廓宽度为"无"，效果如图 11-62 所示。

  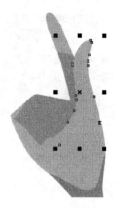

图 11-60　绘制并填充图形（六）　　图 11-61　绘制其他图形并填充颜色（三）　　图 11-62　绘制拇指图形

（30）采用同样的方法，绘制一个闭合路径图形。选取工具箱中的均匀填充工具，弹出"均匀填充"对话框，在其中设置 RGB 的参数值分别为 186、86、83，单击"确定"按钮为图形填充颜色，效果如图 11-63 所示。

（31）参照步骤（29）、（30）的操作方法，绘制其他路径图形，完成人物其他手指的绘制，如图 11-64 所示。

（32）参照步骤（29）、（30）的操作方法，绘制人物右侧的手部图形，效果如图 11-65 所示。

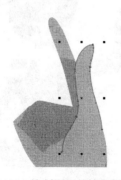 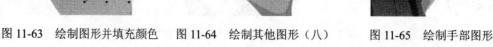 

图 11-63　绘制图形并填充颜色　　图 11-64　绘制其他图形（八）　　图 11-65　绘制手部图形

（33）选取工具箱中的贝塞尔工具，在人物衣服图形对象上绘制一个闭合路径图形，作为衣服的褶皱。选取工具箱中的均匀填充工具，弹出"均匀填充"对话框，在其中设置 RGB 的参数值分别为 127、127、127，单击"确定"按钮为图形填充颜色。

（34）在其属性栏中设置轮廓宽度为"无"，效果如图 11-66 所示。

（35）采用同样的方法，绘制其他图形，效果如图 11-67 所示。

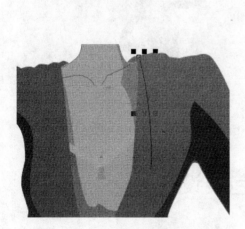

图 11-66　绘制褶皱图形并填充颜色　　　　图 11-67　绘制其他图形（九）

（36）单击"文件"|"导入"命令或按【Ctrl＋I】组合键，导入一幅素材图形，并调整其大小和位置，效果如图 11-68 所示。

（37）确定导入的素材图形为选中状态，单击鼠标右键，在弹出的快捷菜单中选择"顺序"|"置于此对象后"选项，此时鼠标指针呈箭头形状，单击姆指图形，将素材图形排列到姆指图形的下方，效果如图 11-69 所示。

图 11-68　导入素材图形　　　　图 11-69　调整图形的排列顺序

（38）单击"文件"|"导入"命令或按【Ctrl＋I】组合键，导入一幅素材图像作为背景，如图 11-70 所示。

（39）确定导入的素材图像为选中状态，单击鼠标右键，在弹出的快捷菜单中选择"顺序"|"到页面后面"选项，将导入的素材图像排列到最底层，并调整其位置，效果如图 11-71 所示。

图 11-70　导入素材图像　　　　图 11-71　调整图像的排列顺序

11.2　酒类包装设计

案例说明 ↘ _ _ _

　　本案例设计的是酒类包装——"富贵红"。该包装背景使用的是中国的传统颜色红色，它象征喜庆、大富大贵之意，以衬托酒名。该酒属于白酒系列，所以使用了红色与黄色作为包装的总体颜色，给人一种红红火火、辉煌、高贵的感觉，具有很强的视觉冲击力。

知识要点 ↘ _ _ _

　　本案例在制作的过程中主要使用矩形工具绘制图形，并对其填充颜色，其次使用了椭圆工具、贝塞尔工具绘制图形，还使用了渐变填充工具、交互式透明工具、"焊接"命令、"图框精确裁剪"命令、"变换"命令，最后使用文本工具输入文字，完成整体效果的制作。

案例效果 ↘ _ _ _

　　本案例效果如图 11-72 所示。

图 11-72　酒包装效果

11.2.1　制作背景

制作酒包装平面效果背景的具体操作步骤如下：

（1）单击"文件"|"新建"命令或按【Ctrl＋N】组合键，新建一个文件，在其属性栏中设置"纸张宽度和高度"分别为 200.0mm 和 150.0mm。

（2）选取工具箱中的矩形工具，移动鼠标指针至页面中，拖曳鼠标绘制一个与页面同样大小的矩形，如图 11-73 所示。

（3）确定绘制的矩形为选中状态，选取工具箱中的均匀填充工具，弹出"均匀填充"对话框，在其中设置 CMYK 的参数值分别为 0、100、100、23，单击"确定"按钮对绘制的图形填充颜色，并在其属性栏中设置轮廓宽度为"无"，效果如图 11-74 所示。

图 11-73　绘制矩形（一）　　　　　　　　图 11-74　填充颜色

（4）参照步骤（2）的操作方法，在该矩形对象中间位置拖曳鼠标，再绘制一个矩形，如图 11-75 所示。

（5）确定绘制的图形为选中状态，选取工具箱中的渐变填充工具，弹出"渐变填充"对话框，选中"自定义"单选按钮，设置"类型"为"线性"、"角度"为-60、"边界"为6，分别在渐变条 24%与 82%的位置双击鼠标左键添加色标，设置渐变条的颜色从左至右依次为金黄色（CMYK 的参数值分别为 0、25、80、0）、浅黄色（CMYK 的参数值分别为 0、0、60、0）、浅黄色（CMYK 的参数值分别为 0、0、60、0）、金黄色（CMYK 的参数值分别为 0、25、80、0），单击"确定"按钮为图形填充渐变色。

（6）在其属性栏中设置轮廓宽度为"无"，效果如图 11-76 所示。

图 11-75　绘制矩形（二）　　　　　　　　图 11-76　填充渐变颜色（一）

（7）选取工具箱中的椭圆工具，移动鼠标指针至页面中，拖曳鼠标绘制一个椭圆，如图 11-77 所示。

（8）选取工具箱中的渐变填充工具，弹出"渐变填充"对话框，选中"自定义"单选按钮，设置"类型"为"线性"、"角度"为 90，在渐变条 49% 的位置双击鼠标左键添加色标，设置渐变条的颜色从左至右依次为浅黄色（CMYK 的参数值分别为 0、0、60、0）、橘黄色（CMYK 的参数值分别为 4、143、95、0）、浅黄色（CMYK 的参数值分别为 0、0、60、0），单击"确定"按钮为绘制的图形填充渐变色。

（9）在其属性栏中设置轮廓宽度为"无"，效果如图 11-78 所示。

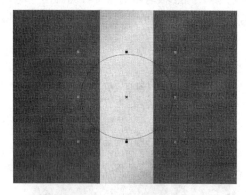

图 11-77　绘制椭圆

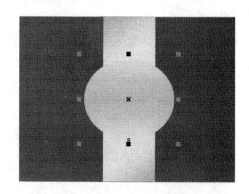

图 11-78　填充渐变色

（10）确定上述所填充的渐变椭圆为选中状态，按住【Shift】键单击选中渐变矩形，并单击"排列"|"造形"|"焊接"命令，即可将矩形与椭圆焊接为一个图形对象，效果如图 11-79 所示。

（11）确定焊接的图形为选中状态，按【Ctrl+D】组合键再制所选图形，并将其填充为黑色。

（12）确定复制的图形为选中状态，单击鼠标右键，在弹出的快捷菜单中选择"顺序"|"置于此对象后"选项，此时鼠标指针呈箭头形状，在原图形上单击鼠标左键，将再制的图形排列到原图形的下面，并调整其大小，效果如图 11-80 所示。

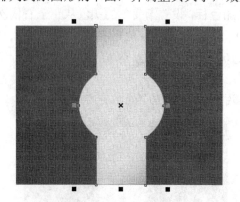

图 11-79　焊接图形

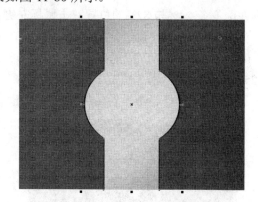

图 11-80　再制图形并调整其排列顺序

（13）单击"文件"|"导入"命令或按【Ctrl+I】组合键，导入一幅素材图像，并调整其大小和位置，如图 11-81 所示。

（14）采用与上述相同的方法，导入另一幅素材图像，并将导入的图像调整到图形对象的中间位置，效果如图 11-82 所示。

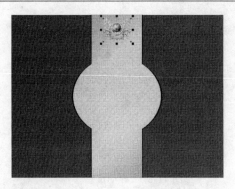

图 11-81　导入素材图像（一）　　　　图 11-82　导入素材图像（二）

（15）参照步骤（13）的操作方法，再导入一幅素材图像，并将其移至图形对象的左侧，如图 11-83 所示。

（16）确定最后导入的素材图像为选中状态，选取工具箱中的交互式透明工具，在其属性栏中设置"透明度类型"为"标准"、"透明度操作"为"正常"、"开始透明度"为 81，为所选图形添加透明效果，如图 11-84 所示。

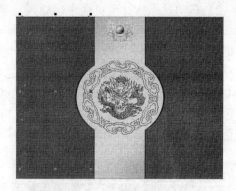

图 11-83　导入素材图像（三）　　　　图 11-84　添加透明效果（一）

（17）确定该图像为选中状态，单击"排列"|"变换"|"比例"命令，弹出"变换"泊坞窗，设置各项参数，如图 11-85 所示。

图 11-85　"变换"泊坞窗（一）

（18）单击"应用到再制"按钮，水平镜像并再制图形，效果如图 11-86 所示。

（19）向右拖曳镜像再制的图像，至合适位置时释放鼠标，效果如图 11-87 所示。

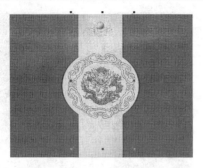

图 11-86　镜像并再制图像　　　　　　　　　图 11-87　移动位置

11.2.2　制作文字效果

制作酒包装文字效果的具体操作步骤如下：

（1）选取工具箱中的文本工具，移动鼠标指针至页面中，单击鼠标左键确定文字的插入点，在其属性栏中设置字体为"方正行楷简体"、大小为 24pt。

（2）移动鼠标指针至页面中，输入文字"中国贵州"，如图 11-88 所示。

（3）确定所输入的文字为选中状态，选取工具箱中的渐变填充工具，弹出"渐变填充"对话框，选中"自定义"单选按钮，设置"类型"为"线性"、"角度"为-60、"边界"为 15，在渐变条 49%的位置双击鼠标左键添加色标，设置渐变条的颜色从左至右依次为土红色（CMYK 的参数值分别为 0、51、51、44）、红色（CMYK 的参数值分别为 0、100、100、0）、土红色（CMYK 的参数值分别为 0、51、51、44），单击"确定"按钮，为输入的文字填充渐变色，效果如图 11-89 所示。

图 11-88　输入文字（一）　　　　　　　　　图 11-89　填充渐变颜色（二）

（4）选取工具箱中的文本工具，移动鼠标指针至页面中，单击鼠标左键确定文字的插入点，在其属性栏中设置字体为"方正行楷简体"、字体大小为 75pt，输入文字"富贵红"，如图 11-90 所示。

（5）确定所输入的文字为选中状态，选取工具箱中的渐变填充工具，弹出"渐变填充"对话框，选中"自定义"单选按钮，设置"类型"为"线性"、"角度"为-60.8、"边界"为 30，分别在渐变条 55%和 78%的位置双击鼠标左键添加色标，设置渐变条上的颜色从左至右依次为深红色（CMYK 的参数值分别为 46、99、97、6）、红色（CMYK 的参数值分别为 0、100、100、0）、大红色（CMYK 的参数值分别为 0、87、87、11）、深红色（CMYK 的参数值分别为 46、97、96、6），单击"确定"按钮，为输入的文字填充渐变色，效果如图 11-91 所示。

图 11-90　输入文字（二）　　　　　　图 11-91　填充渐变颜色（三）

（6）确定这些文字为选中状态，选取工具箱中的轮廓笔工具，弹出"轮廓笔"对话框，在其中设置"颜色"为白色、"宽度"为 0.3，单击"确定"按钮为文字添加轮廓，效果如图 11-92 所示。

（7）选取工具箱中的贝塞尔工具，移动鼠标指针至页面中，绘制一个闭合路径图形。在调色板中单击"红"色块填充路径图形，并在其属性栏中设置轮廓宽度为"无"，效果如图 11-93 所示。

图 11-92　添加轮廓　　　　　　　　　图 11-93　绘制路径

（8）选取工具箱中的文本工具，移动鼠标指针至页面中，单击鼠标左键确定文字的插入点，在其属性栏中设置字体为"方正行楷简体"、字体大小为 24pt，并在调色板中设置填充颜色为"柳丁黄"。

（9）移动鼠标指针至页面中，输入文字"至尊至纯"，如图 11-94 所示。

（10）参照步骤（8）、（9）的操作方法，在其属性栏中设置字体为"文鼎 CS 中黑"、字体大小为 9pt，然后输入其他文字，如图 11-95 所示。

图 11-94　输入文字（三）　　　　　　图 11-95　输入其他文字

（11）参照步骤（8）、（9）的操作方法，在其属性栏中设置字体为"文鼎 CS 大黑"、字体大小为 10pt，输入文字"贵州茅台镇富贵红酒厂集团"，如图 11-96 所示。

（12）参照步骤（8）、（9）的操作方法，在其属性栏中设置字体为"文鼎 CS 中黑"、字体大小为 4，输入如图 11-97 所示的文字。

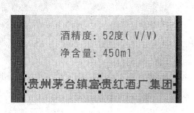

图 11-96　输入文字（四）

图 11-97　输入文字（五）

11.2.3　制作酒包装立体效果

制作酒包装立体效果的具体操作步骤如下：

（1）单击"文件"|"新建"命令或按【Ctrl＋N】组合键，新建一个文件，在其属性栏中设置"纸张的宽度和高度"值分别为 250.0mm 和 200.0mm。

（2）选取工具箱中的矩形工具，移动鼠标指针至页面中，拖曳鼠标绘制一个与页面同样大小的矩形，如图 11-98 所示。

（3）确定绘制的矩形为选中状态，选取工具箱中的渐变填充工具，弹出"渐变填充"对话框，在其中选中"自定义"单选按钮，设置"类型"为"线性"、"角度"为-90，在渐变条 74%的位置双击鼠标左键添加色标，设置渐变条的颜色从左至右依次为纯黑色、黑色（CMYK 的参数值分别为 81、69、65、40）、白色，单击"确定"按钮为图形填充渐变色。

（4）在其属性栏中设置轮廓宽度为"无"，效果如图 11-99 所示。

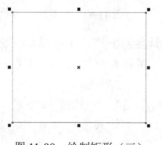

图 11-98　绘制矩形（三）

图 11-99　填充渐变颜色（四）

（5）确定酒包装平面效果图形文件为当前工作文件，按【Ctrl＋A】组合键，将页面中的图形全部选中，单击"编辑"|"复制"命令或按【Ctrl＋C】组合键，复制选择的图形。

（6）切换酒包装立体效果文件为当前工作文件，单击"编辑"|"粘贴"命令或按【Ctrl＋V】组合键，粘贴所复制的图形，再按【Ctrl＋G】组合键，将粘贴的图形群组，如图 11-100 所示。

（7）选取工具箱中的矩形工具，移动鼠标指针至页面中，在酒包装平面效果图的右侧拖曳鼠标，绘制一个矩形。

（8）选取工具箱中的均匀填充工具，弹出"均匀填充"对话框，在其中设置 CMYK 的参数值分别为 0、100、100、56，单击"确定"按钮，为所绘矩形填充颜色，并在其属性栏中设置轮廓宽度为"无",效果如图 11-101 所示。

图 11-100　粘贴并群组图形　　　　图 11-101　绘制图形并填充颜色

　　(9) 参照步骤 (7)、(8) 的操作方法,绘制其他图形,并设置各图形的填充颜色,完成酒包装盒的侧面图形的绘制,效果如图 11-102 所示。

　　(10) 确定上述所绘制的图形为选中状态,按住【Shift】键选中步骤 (8) 所绘制的图形,按【Ctrl+G】组合键将所选图形群组。

　　(11) 确定上述群组图形为选中状态,单击"效果"|"添加透视"命令,此时页面中群组图形的显示状态如图 11-103 所示。

　　(12) 移动鼠标指针至右上角的透视点上,按住【Shift】键向下拖曳鼠标,至合适位置时释放鼠标,效果如图 11-104 所示。

　　(13) 采用与上述相同的方法,调节右下角的透视点,效果如图 11-105 所示。

图 11-102　绘制其他图形　图 11-103　添加透视点　图 11-104　调节透视点效果　图 11-105　调节透视点的效果

　　(14) 选取工具箱中的挑选工具,选中酒包装平面图形,单击"排列"|"变换"|"比例"命令,弹出"变换"泊坞窗,并设置各选项,如图 11-106 所示。

　　(15) 单击"应用到再制"按钮,垂直镜像并再制所选的图形对象,如图 11-107 所示。

图 11-106　"变换"泊坞窗(二)　　图 11-107　镜像并再制图形

（16）选取工具箱中的矩形工具，移动鼠标指针至页面中，拖曳鼠标绘制一个矩形，如图 11-108 所示。

（17）选取工具箱中的挑选工具，选中镜像并复制的图形，单击"效果"|"图框精确剪裁"|"放置在容器中"命令，此时页面中鼠标指针呈箭头形状，移动鼠标指针至前面所绘制的矩形上，单击鼠标左键，此时图形的显示状态如图 11-109 所示。

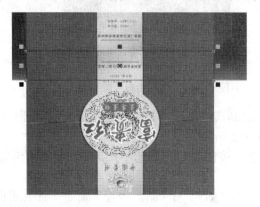

图 11-108　绘制矩形（四）

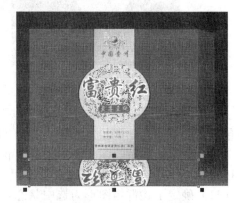

图 11-109　图形显示状态（一）

（18）单击鼠标右键，在弹出的快捷菜单中选择"编辑内容"选项，此时页面中图形的显示状态如图 11-110 所示。

（19）在图形对象上向下拖曳鼠标，至合适位置时释放鼠标左键并单击鼠标右键，在弹出的快捷菜单中选择"结束编辑"选项，并在其属性栏中设置轮廓宽度为"无"，裁剪后的效果如图 11-111 所示。

图 11-110　图形显示状态（二）

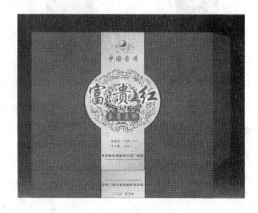

图 11-111　裁剪后的效果

（20）确定裁剪后的图形为选中状态，单击鼠标右键，在弹出的快捷菜单中选择"编辑内容"选项，选取工具箱中的交互式透明工具，移动鼠标指针至页面中，拖曳鼠标为图形添加透明效果，如图 11-112 所示。

（21）单击鼠标右键，在弹出的快捷菜单中选择"结束编辑"选项，完成图像的编辑操作，效果如图 11-113 所示。

（22）选取工具箱中的挑选工具，移动鼠标指针至页面中，选中酒包装的侧面图形，在"变换"泊坞窗中设置各选项如图 11-114 所示。

（23）单击"应用到再制"按钮，垂直镜像并再制所选图形对象，如图 11-115 所示。

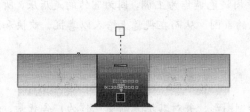

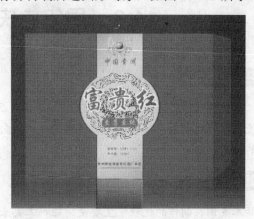

图 11-112　拖曳鼠标　　　　　　　图 11-113　添加透明效果（二）

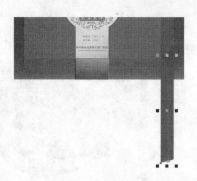

图 11-114　"变换"泊坞窗（三）　　图 11-115　镜像并再制图形

（24）确定镜像并再制的图形为选中状态，再次单击鼠标左键，当图形周围出现旋转控制柄时，移动鼠标指针到图形右侧中间的控制柄上，向上拖曳鼠标，倾斜图形至合适位置时释放鼠标，效果如图 11-116 所示。

（25）参照步骤（16）～（21）的操作方法，为上述倾斜图形添加透明效果，如图 11-117 所示。

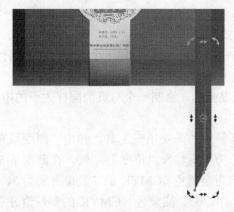

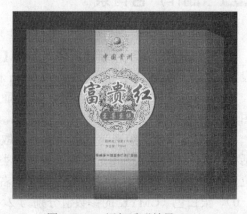

图 11-116　倾斜图形　　　　　　　图 11-117　添加透明效果（三）

11.3 周年店庆 POP 广告设计

本案例设计的是周年店庆的 POP 广告。画面使用暖色调作为主调，因为宣传的是店庆，所以要使用鲜艳的颜色，以表现喜庆、热情、积极向上的氛围，从而在视觉上给人以喜悦、欢快和温暖的感觉。

本案例在制作的过程中主要使用矩形工具来绘制图形，并对其填充渐变色作为广告背景，还使用了椭圆工具、星形工具、交互式透明工具，最后使用了文本工具输入文字，完成整体效果的制作。

本案例效果如图 11-118 所示。

图 11-118　周年店庆 POP 广告

11.3.1 制作广告背景

制作周年店庆 POP 广告背景的具体操作步骤如下：

（1）单击"文件"|"新建"命令或按【Ctrl＋N】组合键，新建一个文件，在其属性栏中设置"纸张宽度和高度"分别为 297.0mm 和 210.0mm。

（2）选取工具箱中的矩形工具，在页面上拖曳鼠标，绘制一个与页面同样大小的矩形，如图 11-119 所示。

（3）确定绘制的矩形为选中状态，选取工具箱中的渐变填充工具，弹出"渐变填充"对话框，选中"自定义"单选按钮，设置"类型"为"线性"、"角度"为 90，在渐变条 50% 的位置添加色标，设置渐变条的颜色从左至右依次为金黄色（CMYK 的参数值分别为 3、13、89、0）、银白色（CMYK 的参数值分别为 2、4、10、0）、橘黄色（CMYK 的参数值分别为

1、79、92、0），单击"确定"按钮，为图形填充渐变色。

（4）在其属性栏中设置轮廓宽度为"无"，效果如图 11-120 所示。

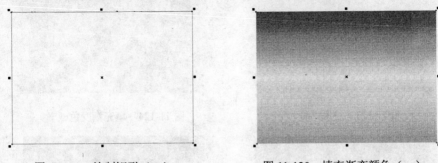

图 11-119　绘制矩形（一）　　　　　　图 11-120　填充渐变颜色（一）

（5）选取工具箱中的贝塞尔工具，移动鼠标指针至页面中，在图形的下方绘制一个闭合路径图形，如图 11-121 所示。

（6）确定所绘制的路径图形为选中状态，选取工具箱中的渐变填充工具，弹出"渐变填充"对话框，选中"自定义"单选按钮，设置"类型"为"线性"、"角度"为 90，在渐变条 49%的位置添加色标，设置渐变条的颜色从左至右依次为橘黄色（CMYK 的参数值分别为 2、44、94、0）、金黄色（CMYK 的参数值分别为 3、27、79、0）、白色，单击"确定"按钮，为图形填充渐变色。

（7）在其属性栏中设置轮廓宽度为"无"，效果如图 11-122 所示。

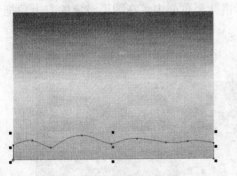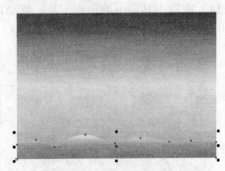

图 11-121　绘制闭合路径　　　　　　　图 11-122　填充渐变颜色（一）

（8）选取工具箱中的贝塞尔工具，移动鼠标指针至页面中，在图形下方绘制一个闭合路径图形，如图 11-123 所示。

（9）确定该路径图形为选中状态，选取工具箱中的渐变填充工具，弹出"渐变填充"对话框，选中"自定义"单选按钮，设置"类型"为"线性"、"角度"为 90、"边界"为 2，设置渐变条的颜色从左至右依次为橘黄色（CMYK 的参数值分别为 3、59、94、0）、白色，单击"确定"按钮为图形填充渐变色。

（10）在其属性栏中设置轮廓宽度为"无"，效果如图 11-124 所示。

（11）单击"文件"|"导入"命令或按【Ctrl+I】组合键，导入一幅素材图像，并调整其大小与位置，如图 11-125 所示。

（12）确定导入的素材图像为选中状态，按【Ctrl+D】组合键再制所选的图像，如图 11-126 所示。

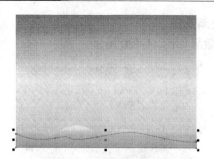
图 11-123　绘制路径

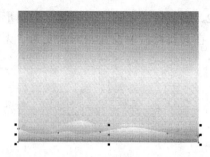
图 11-124　填充渐变色（一）

图 11-125　导入素材图像（一）

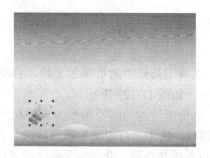
图 11-126　再制图像

（13）确定再制的图像为选中状态，单击鼠标左键，此时图像周围出现旋转控制框，将其旋转至合适角度，并拖曳至图形对象的右下角，效果如图 11-127 所示。

（14）选取工具箱中的矩形工具，移动鼠标指针至页面中，在图形对象的右上角拖曳鼠标绘制一个矩形，如图 11-128 所示。

图 11-127　旋转并移动图像

图 11-128　绘制矩形（二）

（15）确定绘制的矩形为选中状态，单击调色板中的"黄"色块，并在其属性栏中设置轮廓宽度为"无"，图形填充颜色后的效果如图 11-129 所示。

（16）确定该图形为选中状态，选取工具箱中的交互式透明工具，从图形的右上角向左拖曳鼠标，为图形添加透明效果，如图 11-130 所示。

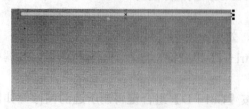
图 11-129　填充颜色

图 11-130　添加透明效果（一）

（17）确定上述图形为选中状态，按【Ctrl＋D】组合键再制该对象，并将其拖曳至合适位置，如图 11-131 所示。

（18）采用与上述相同的方法，分别再制 3 个图形，并将其分别移至合适位置，如图 11-132 所示。

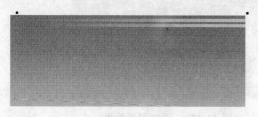

图 11-131　再制图形（一）

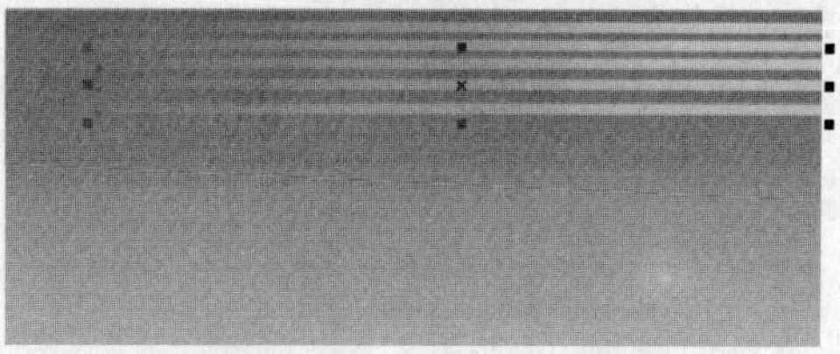

图 11-132　再制图形（二）

（19）选取工具箱中的星形工具，在属性栏中设置"多边形、星形和复杂星形的点数或边数"为 4、"星形和复杂星形的锐度"为 78，移动鼠标指针至页面中，绘制一个星形。单击调色板中的"白"色块，并在属性栏中设置轮廓宽度为"无"，效果如图 11-133 所示。

（20）确定所绘制的图形为选中状态，按【Ctrl＋D】组合键再制该图形，并调整其大小与位置，如图 11-134 所示。

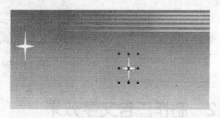

图 11-133　绘制星形

图 11-134　再制星形

（21）参照步骤（20）的操作方法，分别再制两个图形，并分别调整其大小及位置，效果如图 11-135 所示。

（22）参照步骤（19）的操作方法，在图形对象的左侧位置绘制一个星形，如图 11-136 所示。

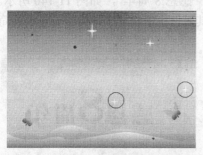

图 11-135　再制图形（三）

图 11-136　绘制图形（一）

（23）确定绘制的图形为选中状态，选取工具箱中的交互式透明工具，在图形上拖曳鼠标为其添加透明效果，如图 11-137 所示。

（24）确定该图形为选中状态，连续按 4 次【Ctrl＋D】组合键，分别再制 4 个图形，并分别调整其大小与位置，效果如图 11-138 所示。

（25）单击"文件"|"导入"命令或按【Ctrl＋I】组合键，导入一幅标志图形，更改标

志图形的颜色为白色，并调整其大小和位置，如图 11-139 所示。

 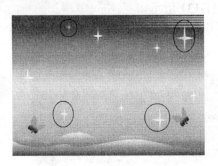

图 11-137　添加透明效果（二）　　　　　图 11-138　再制图形效果

图 11-139　导入标志图形

11.3.2　制作广告文字效果

制作周年店庆 POP 广告文字效果的具体操作步骤如下：

（1）选取工具箱中的文本工具，移动鼠标指针至页面中，单击鼠标左键确定文字的插入点，在其属性栏中设置字体为"文鼎特粗宋简"、字体大小为 110pt。

（2）移动鼠标指针至页面中，输入文字"感恩 8 周年"，如图 11-140 所示。

（3）使用文本工具将文字"8"选中，在其属性栏中设置字体为"方正水柱简体"、字体大小为 200pt，此时文字的效果如图 11-141 所示。

图 11-140　输入文字（一）　　　　　图 11-141　更改文字的属性

（4）确定输入的文字为选中状态，选取工具箱中的渐变填充工具，弹出"渐变填充"对话框，选中"自定义"单选按钮，设置"类型"为"线性"、"角度"为 90、"边界"为 38，分别在渐变条 42%和 74%的位置添加色标，设置渐变条的颜色从左至右依次为紫色（CMYK

的参数值分别为 0、100、0、0)、白色、粉紫色（CMYK 的参数值分别为 6、55、5、0)、紫色（CMYK 的参数值分别为 10、100、0、0)，单击"确定"按钮为文字填充渐变色，效果如图 11-142 所示。

（5）单击鼠标右键，在弹出的快捷菜单中选择"转换为曲线"选项，选取工具箱中的形状工具，此时文字上出现多个节点，如图 11-143 所示。

图 11-142　填充渐变色（二）　　　　　　　图 11-143　文字显示状态

（6）移动鼠标至文字"周"的左下角，向左拖曳节点，释放鼠标左键后效果如图 11-144 所示。

（7）在上述操作的基础上再对文字"周"进行调节，在前面调整的形状上单击鼠标右键，在弹出的快捷菜单中选择"添加"选项，然后拖曳方向控制柄进行调整，调整后的效果如图 11-145 所示。

图 11-144　调整节点　　　　　　　　　图 11-145　添加节点

（8）参照步骤（6）、（7）的操作方法，再对其进行调整，调整后的效果如图 11-146 所示。

（9）选取工具箱中的挑选工具，移动鼠标指针至页面中，选择转换为曲线的文字，按【Ctrl＋D】组合键再制所选文字，并单击调色板中的"黑"色块，为再制的文字填充颜色，效果如图 11-147 所示。

图 11-146　调整后的效果　　　　　　　　图 11-147　再制文字

（10）确定再制的文字为选中状态，单击鼠标右键，在弹出的快捷菜单中选择"顺序"|"置于此对象后"选项，此时鼠标指针呈箭头形状，在原文字上单击鼠标左键，将再制的文字排列到原文字的下面，并调整其位置，效果如图 11-148 所示。

（11）选取工具箱中的椭圆工具，移动鼠标指针至页面中，在图形对象的右下角拖曳鼠标，绘制一个圆，在调板中单击"红"色块，为图形填充颜色，并在属性栏中设置轮廓宽度为"无"，效果如图 11-149 所示。

图 11-148　排列顺序　　　　　　　　图 11-149　绘制圆形

（12）确定所绘制的图形为选中状态，按【Ctrl＋D】组合键再制选择的图形，并调整其位置，效果如图 11-150 所示。

（13）采用与上述相同的方法，连续按 4 次【Ctrl＋D】组合键，再制 4 个图形，并分别调整其位置，效果如图 11-151 所示。

图 11-150　再制圆　　　　　　　　图 11-151　再制图形（四）

（14）确定再制的图形为选中状态，按住【Shift】键的同时，分别选中步骤（11）～（13）所绘制和再制的图形，按【Ctrl＋D】组合键再制这些图形，并将其拖曳至合适位置，如图 11-152 所示。

（15）选取工具箱中的文本工具，移动鼠标指针至页面中，单击鼠标左键确定文字的插入点，在其属性栏中设置字体为"文鼎中特广告体"、字体大小为 30pt，移动鼠标指针至页面中，在图形对象的右下角输入文字"分享喜悦"，如图 11-153 所示。

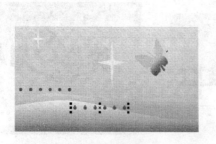
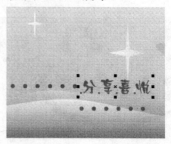

图 11-152　再制图形（五）　　　　　　图 11-153　输入文字（二）

（16）参照步骤（15）的操作方法，输入文字"分享快乐"，如图 11-154 所示。

（17）选取工具箱中的椭圆工具，移动鼠标指针至页面中，在图形对象的右上角拖曳鼠标，绘制一个圆，在调色板中设置填充色为红色，并选取工具箱中的轮廓笔工具，弹出"轮廓笔"对话框，在其中设置"颜色"为黄色、"宽度"为 0.07，单击"确定"按钮为图形添加轮廓，效果如图 11-155 所示。

图 11-154　输入文字（三）　　　　图 11-155　绘制图形（二）

（18）确定上述所绘制的图形为选中状态，按【Ctrl＋D】组合键再制所选图形，并调整其位置，效果如图 11-156 所示。

（19）采用与上述相同的方法，分别再制 4 个图形，并分别调整其位置，效果如图 11-157 所示。

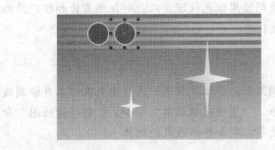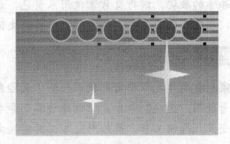

图 11-156　再制图形（六）　　　　图 11-157　再制图形（七）

（20）选取工具箱中的文本工具，移动鼠标指针至页面中，在上述所绘制的图形上单击鼠标左键确定文字的插入点，在其属性栏中设置字体为"黑体"、字体大小为 21pt，输入文字"畅"，如图 11-158 所示。

（21）采用与上述相同的方法，分别输入其他文字，效果如图 11-159 所示。

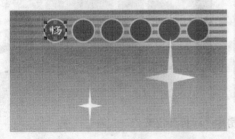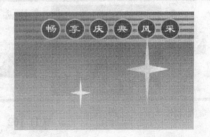

图 11-158　输入文字（四）　　　　图 11-159　输入其他文字

（22）单击"文件"|"导入"命令或按【Ctrl＋I】组合键，导入一幅素材图像，并调整其大小和位置，效果如图 11-160 所示。

（23）采用与上述相同的方法，再导入一幅素材图像，并调整其大小和位置，最终效果如图 11-161 所示。

图 11-160　导入素材图像（二）　　　　　　图 11-161　最终效果

11.4　房地产 DM 广告设计

案例说明

　　本案例设计的是一个房地产四折页 DM 广告。折页是商业活动中促销的重要媒介，也是一种文化品味的展现。该折页背景使用米黄色，边框使用红色纹理，以此衬托所宣传和推广产品的档次，在展示的同时也表达了所要传播的文化信息。

知识要点

　　本案例在制作过程中首先使用矩形工具绘制图形，并填充颜色，再使用贝塞尔工具绘制线段，接着使用"变换"命令、"创建边界"命令、"图框精确裁剪"命令、"转换为位图"命令以及交互式透明工具，最后用文本工具输入文字，完成整体效果的制作。

案例效果

　　本案例效果如图 11-162 所示。

图 11-162　房地产四折页效果

11.4.1　制作背景

　　制作房地产 DM 广告平面效果背景的具体操作步骤如下：

（1）单击"文件"|"新建"命令或按【Ctrl＋N】组合键，新建一个文件，在其属性栏中设置"纸张宽度和高度"分别为 68 厘米和 30 厘米。

（2）选取工具箱中的矩形工具，在页面中拖曳鼠标，绘制一个与页面同样大小的矩形，如图 11-163 所示。

（3）确定所绘制的矩形为选中状态，选取工具箱中的底纹填充工具，弹出"底纹填充"对话框，在其中设置"底纹库"为"样本 5"、在"底纹列表"下拉列表框中选择"印象派"选项，设置"色调"颜色为暗黑色（CMYK 的参数值分别为 69、64、71、15）、"低色调"颜色为棕色（CMYK 的参数值分别为 53、97、96、12）、"中色调"颜色为暗红色（CMYK 的参数值分别为 46、95、89、5）、"高色调"颜色为栗色（CMYK 的参数值分别为 21、97、93、0）、"亮度"颜色为红色（CMYK 的参数值分别为 3、98、94、0），单击"预览"按钮预览当前设置的底纹效果，如图 11-164 所示。

图 11-163　绘制矩形（一）

图 11-164　"底纹填充"对话框

（4）单击"确定"按钮为所选图形填充底纹，效果如图 11-165 所示。

（5）选取工具箱中的矩形工具，在页面中拖曳鼠标绘制一个矩形，选取工具箱中的均匀填充工具，在其中设置 CMYK 的参数值分别为 4、4、16、0，单击"确定"按钮为图形填充颜色，并在属性栏中设置轮廓宽度为"无"，并调整其位置，使之位于第一个矩形的上方，效果如图 11-166 所示。

图 11-165　填充底纹效果

图 11-166　绘制矩形（二）

（6）单击"文件"|"导入"命令或按【Ctrl＋I】命令，导入一幅素材图像，并调整其大小和位置，效果如图 11-167 所示。

（7）采用与上述相同的方法，导入一幅标志图像，并调整其大小和位置，效果如图

11-168 所示。

图 11-167 导入素材图像（一）

图 11-168 导入素材图像（二）

（8）单击"文件"|"导入"命令或按【Ctrl＋I】组合键，导入一幅素材图像，并调整其大小和位置，效果如图 11-169 所示。

（9）采用与上述相同的方法，导入一幅素材图像，并调整其大小和位置，效果如图 11-170 所示。

图 11-169 导入素材图像（三）

图 11-170 导入素材图像（四）

（10）选取工具箱中的贝塞尔工具，在图形对象的左侧绘制一条直线，如图 11-171 所示。

（11）确定所绘制的直线为选中状态，选取工具箱中的轮廓笔工具，弹出"轮廓笔"对话框，在其中设置"颜色"为褐色（CMYK 的参数值分别为 44、97、93、64）、"宽度"为 0.05，如图 11-172 所示。

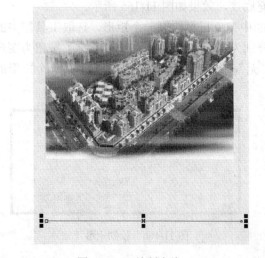

图 11-171 绘制直线（一）

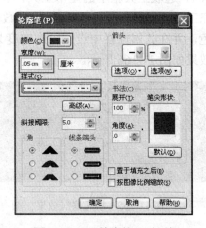

图 11-172 "轮廓笔"对话框

（12）单击"确定"按钮，更改直线属性后的效果如图 11-173 所示。

（13）确定上述直线为选中状态，按【Ctrl＋D】组合键再制所选择的直线，并调整其位置，如图 11-174 所示。

图 11-173　更改直线属性后的效果

图 11-174　再制直线

11.4.2　制作文字效果

制作房地产四折页 DM 广告平面文字效果的具体操作步骤如下：

（1）选取工具箱中的文本工具，移动鼠标指针至页面中，单击鼠标左键确定文字的插入点，在其属性栏中设置字体为"汉鼎简长宋"、字体大小为 63pt，设置填充颜色为白色。

（2）移动鼠标指针至页面中，输入文字"长沙水月轩"，如图 11-175 所示。

（3）确定所输入的文字为选中状态，按【Ctrl＋D】组合键再制所选择的文字，如图 11-176 所示。

图 11-175　输入文字（一）

图 11-176　再制文字

（4）确定再制的文字为选中状态，单击调色板中的"紫"色块为文字填充颜色，并单击鼠标右键，在弹出的快捷菜单中选择"顺序"|"置于此对象后"选项，此时鼠标指针呈箭头形状，在原文字上单击鼠标左键，将再制的文字排列到原文字下面，并适当调整其位置，效果如图 11-177 所示。

（5）参照步骤（1）～（4）的操作方法，在图形对象上输入文字"100 万平米泊岸生活城邦"，效果如图 11-178 所示。

（6）选取工具箱中的文本工具，移动鼠标指针至页面中，单击鼠标左键确定文字的插入点，选取工具箱中的均匀填充工具，弹出"均匀填充"对话框，在其中设置 CMYK 的参数值分别为 55、97、93、64，单击"确定"按钮为文字设置填充颜色，并在其属性栏中设置字体为"文鼎 CS 大宋"、字体大小为 38pt。

（7）移动鼠标指针至页面中，输入文字"千"，如图 11-179 所示。

（8）采用与上述相同的方法，在属性栏中设置字体大小为 30pt，输入文字"亩"，如图 11-180 所示。

图 11-177　调整排列顺序

图 11-178　输入文字（二）

图 11-179　输入文字（三）

图 11-180　输入文字（四）

（9）选取工具箱中的贝塞尔工具，在上述所输入的两个文字右下方绘制一条斜线，双击状态栏中的"轮廓颜色"图标，弹出"轮廓笔"对话框，在其中设置"颜色"为紫色（CMYK 的参数值分别为 55、97、93、64）、"宽度"为 0.05，如图 11-181 所示。

（10）选取工具箱中的文本工具，移动鼠标指针至页面中，单击鼠标左键确定文字的插入点，在其属性栏中设置字体为"文鼎 CS 大宋"、字体大小为 15pt，选取工具箱中的均匀填充工具，弹出"均匀填充"对话框，在其中设置 CMYK 的参数值分别为 55、97、93、64，单击"确定"按钮为文字设置填充颜色。

（11）移动鼠标指针至页面中，在前面所绘制的直线右侧输入文字"山水之上，历经百年传世经典"，如图 11-182 所示。

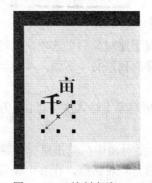

图 11-181　绘制直线（二）

图 11-182　输入文字（五）

（12）选取工具箱中的文本工具，在所输入的文字下方拖曳鼠标，绘制一个矩形文本框，如图 11-183 所示。

（13）在其属性栏中设置字体为"宋体"、字体大小为 10pt，并在调色板中设置填充颜色为黑色，移动鼠标指针至页面中，在矩形文本框中单击鼠标左键，确定段落文本的插入点，然后输入段落文本，并单击属性栏中的"水平对齐"按钮，在弹出的下拉菜单中选择"左"选项，对齐输入的段落文本后的效果如图 11-184 所示。

图 11-183　创建段落文本框　　　　　　　图 11-184　对齐输入的段落文本

（14）参照步骤（6）～（13）的操作方法，在图形对象的左侧输入其他文字，效果如图 11-185 所示。

（15）选取工具箱中的文本工具，移动鼠标指针至页面中，单击鼠标左键确定文字的插入点，选取工具箱中的均匀填充工具，弹出"均匀填充"对话框，在其中设置 CMYK 的参数值分别为 55、97、93、64，单击"确定"按钮为文字设置填充颜色，并在其属性栏中设置字体为"文鼎 CS 大宋"、字体大小为 38pt，移动鼠标指针至页面中，在图形对象的右上角输入如图 11-186 所示的文字。

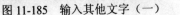

图 11-185　输入其他文字（一）　　　　　图 11-186　输入文字（六）

（16）移动鼠标指针至页面中，单击鼠标左键确定文字的插入点，在属性栏中设置字体大小为 26pt，输入如图 11-187 所示的文字。

（17）移动鼠标指针至页面中，单击鼠标左键确定文字的插入点，在属性栏中设置字体大小为 15pt，输入如图 11-188 所示的文字。

（18）参照步骤（6）～（13）的操作方法，在图形对象的右侧输入其他文字，效果如

图 11-189 所示。

图 11-187 输入文字（七）　　　　图 11-188 输入文字（八）　　　　图 11-189 输入其他文字（二）

11.4.3 制作立体效果

制作房地产四折页 DM 广告立体效果的具体操作步骤如下：

（1）单击"文件"|"新建"命令或按【Ctrl＋N】组合键，新建一个文件，在其属性栏中设置"纸张宽度和高度"分别为 780.0mm 和 500.0mm。

（2）选取工具箱中的矩形工具，在页面中拖曳鼠标，绘制一个与页面同样大小的矩形，如图 11-190 所示。

（3）确定所绘制的矩形为选中状态，选取工具箱中的渐变填充工具，弹出"渐变填充"对话框，选中"自定义"单选按钮，设置"类型"为"线性"、"角度"为-90，在渐变条 62%的位置添加色标，设置渐变条的颜色从左至右依次为黑色、90%黑（CMYK 的参数值分别为0、0、0、90）、灰色（CMYK 的参数值分别为 0、0、0、10），单击"确定"按钮为图形填充渐变色。

（4）在其属性栏中设置轮廓宽度为"无"，效果如图 11-191 所示。

图 11-190 绘制矩形（三）　　　　图 11-191 填充渐变颜色

（5）确定 11.4.1 节中制作的平面效果文件为当前工作文件，按【Ctrl＋A】组合键，选中页面中的所有图形，单击"编辑"|"复制"命令或按【Ctrl＋C】组合键，复制所选择的图形。

（6）切换至当前要制作立体效果的工作文件，单击"编辑"|"粘贴"命令或按【Ctrl＋V】

组合键，粘贴所复制的图形，按【Ctrl＋G】组合键群组粘贴的所有图形，并调整其位置，如图 11-192 所示。

（7）选取工具箱中的矩形工具，在粘贴的图形对象左侧绘制一个矩形，如图 11-193 所示。

图 11-192　粘贴并群组图形　　　　　　　图 11-193　绘制矩形（四）

（8）选取工具箱中的挑选工具，选择粘贴的图形，单击"效果"|"图框精确剪裁"|"放置在容器中"命令，此时页面中的鼠标指针呈箭头形状，如图 11-194 所示。

（9）将鼠标指针移至前面所绘制的矩形边框上，单击鼠标左键，此时页面中的图形显示效果如图 11-195 所示。

图 11-194　鼠标指针形状　　　　　　　图 11-195　图形显示效果

（10）在图形对象上单击鼠标右键，在弹出的快捷菜单中选择"编辑内容"选项，此时页面中的图形效果如图 11-196 所示。

（11）选取工具箱中的挑选工具，选中页面中的图形，单击标准工具属性栏中的"复制"按钮，然后拖曳图形，当图形对象的左侧与裁剪矩形框对齐时，单击鼠标右键，在弹出的快捷菜单中选择"结束编辑"选项，并在其属性栏中设置轮廓宽度为"无"，裁剪后的效果如图 11-197 所示。

（12）单击标准工具栏中的"粘贴"按钮，粘贴所复制的图形，然后参照步骤（7）～（11）的操作方法，分别图框精确裁剪 3 个图形，使裁剪后的图形成为单独的图形对象，效果如图 11-198 所示。

（13）选取工具箱中的挑选工具，双击左侧的图形对象，此时图形周围出现旋转控制柄，如图 11-199 所示。

图 11-196　图形效果

图 11-197　精确裁剪后的效果

图 11-198　裁剪其他的图形

图 11-199　旋转控制柄

（14）移动鼠标指针至左侧中间的控制柄上，按住【Shift】键的同时并向下拖曳鼠标（如图 11-200 所示），至合适位置时释放鼠标左键，倾斜图形后的效果如图 11-201 所示。

图 11-200　拖曳鼠标

图 11-201　倾斜后的效果

（15）参照步骤（13）、（14）的操作方法，分别倾斜其他 3 个图形对象，效果如图 11-202 所示。

（16）选取工具箱中的挑选工具，在页面中选择裁剪的第 2 个图形对象，单击"效果"|"创建边界"命令，并对其填充黑色，效果如图 11-203 所示。

図 11-202　倾斜其他图形效果　　　　　　　図 11-203　创建边界并填充颜色

（17）选取工具箱中的交互式透明工具，移动鼠标指针至页面中并拖曳鼠标，为创建的边界图形添加透明效果，如图 11-204 所示。

（18）参照步骤（16）、（17）的操作方法，分别为裁剪的第 3 个与第 4 个图形对象添加透明效果，如图 11-205 所示。

図 11-204　添加透明效果（一）　　　　　　図 11-205　添加透明效果（二）

（19）选取工具箱中的挑选工具，选中左侧的图形，单击"排列"|"变换"|"比例"命令，弹出"变换"泊坞窗，单击"垂直镜像"按钮，设置各项参数，如图 11-206 所示。

（20）单击"应用到再制"按钮，在页面中复制并垂直镜像一个所选的图形，如图 11-207 所示。

（21）确定镜像的图形为选中状态，再次单击鼠标左键，此时图形周围出现旋转控制柄，移动鼠标指针至右侧中间的控制柄上，按住【Shift】键的同时向上拖曳鼠标，至合适位置时释放鼠标，倾斜后的图形效果如图 11-208 所示。

（22）参照步骤（20）、（21）的操作方法，分别复制并垂直镜像其他 3 个图形，效果如图 11-209 所示。

（23）选取工具箱中的矩形工具，移动鼠标指针至页面中，在镜像的左侧图形上拖曳鼠标绘制一个矩形，如图 11-210 所示。

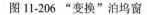

图 11-206　"变换"泊坞窗　　图 11-207　镜像复制图形　　图 11-208　倾斜图形效果

图 11-209　垂直镜像其他图形　　　　　图 11-210　绘制矩形（五）

（24）确定镜像的左侧图形为选中状态，单击"效果"|"图框精确剪裁"|"放置在容器中"命令，在绘制的矩形上单击鼠标左键，将图像放置在矩形容器中，效果如图 11-211 所示。

（25）单击鼠标右键，在弹出的快捷菜单中选择"编辑内容"选项，此时页面中的图形显示状态如图 11-212 所示。

图 11-211　精确裁剪后效果　　　　　图 11-212　显示效果

（26）将图形对象移至矩形框内的合适位置，单击鼠标右键，在弹出的快捷菜单中选择"结束编辑"选项，并在属性栏中设置轮廓宽度为"无"，结束编辑后的效果如图 11-213 所示。

（27）确定裁剪的图形对象为选中状态，单击"位图"|"转换为位图"命令，弹出"转换为位图"对话框，在其中设置"分辨率"为 300、"颜色模式"为"RGB 颜色（24 位）"，分别选中"光滑处理"和"透明背景"复选框，如图 11-214 所示。

图 11-213　结束编辑后效果　　　　　　图 11-214　"转换为位图"对话框

（28）单击"确定"按钮，即可将所选图形对象转换为位图。

（29）确定所转换的位图为选中状态，选取工具箱中的交互式透明工具，移动鼠标指针至页面中并拖曳鼠标，为位图添加透明效果，如图 11-215 所示。

（30）参照步骤（24）～（29）的操作方法，分别对其他 3 个图形对象进行编辑，最终效果如图 11-216 所示。

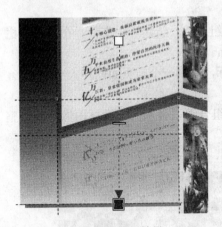

图 11-215　添加透明效果（三）　　　　　图 11-216　最终效果

11.5　汽车报纸广告设计

案例说明

　　本案例设计的是一个汽车报纸广告。该广告在版面形式上属于指示型，主题明确、内容简洁，让人一目了然。整个画面分为 3 部分，分别是背景、图形以及文字。主题文字使用了美术字，说明文字使用的是段落文本，这样能很好地衬托汽车广告的特点。

知识要点

本案例在制作的过程中首先使用矩形工具绘制图形，并对其进行颜色填充，作为报纸广告的背景，然后使用了文本工具输入段落文本，完成整体效果的制作。

案例效果

本案例效果如图 11-217 所示。

图 11-217　汽车报纸广告

11.5.1　制作广告背景

制作汽车报纸广告背景的具体操作步骤如下：

（1）单击"文件"|"新建"命令或按【Ctrl＋N】组合键，新建一个文件，在其属性栏中设置"纸张宽度和高度"分别为 245.0mm 和 140.0mm。

（2）选取工具箱中的矩形工具，在页面中拖曳鼠标，绘制一个与页面同样大小的矩形，并在调色板中设置填充颜色为白色，如图 11-218 所示。

（3）单击"文件"|"导入"命令或按【Ctrl＋I】组合键，导入一幅素材图像，并调整其大小和位置，如图 11-219 所示。

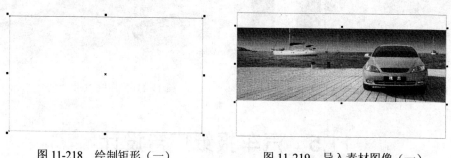

图 11-218　绘制矩形（一）　　　　　图 11-219　导入素材图像（一）

（4）单击"文件"|"导入"命令或按【Ctrl＋I】组合键，再导入一幅标志图像，并调整其大小和位置，如图 11-220 所示。

（5）选取工具箱中的矩形工具，移动鼠标指针至页面中，在图像的下方拖曳鼠标，绘制一个矩形，如图 11-221 所示。

图 11-220　导入素材图像（二）　　　　　　图 11-221　绘制矩形（二）

（6）确定所绘制的矩形为选中状态，单击调色板中的"黑"色块，为矩形填充颜色，并在其属性栏中设置轮廓宽度为"无"，效果如图 11-222 所示。

图 11-222　填充颜色

11.5.2　制作广告文字效果

制作汽车报纸广告文字效果的具体操作步骤如下：

（1）选取工具箱中的文本工具，移动鼠标指针至页面中，单击鼠标左键确定文字的插入点，在其属性栏中设置字体为"方正综艺简体"、字体大小为 18pt，并在调色板中设置填充颜色为黑色。

（2）移动鼠标指针至页面中，输入文字"雅志"，如图 11-223 所示。

（3）在页面中单击鼠标左键，确定文字的插入点，在属性栏中设置字体为"方正大黑简体"、字体大小为 28pt，并在调色板中设置填充颜色为黑色。

（4）在图形对象的下方输入文字"自由驰骋　无往不至"，如图 11-224 所示。

（5）确定所输入的文字为选中状态，按【Ctrl＋D】组合键再制选择的文字，如图 11-225 所示。

（6）确定再制的文字为选中状态，将其拖曳至图形对象的右上角，并在其属性栏中设置字体为"黑体"、字体大小为 18pt，更改文字属性，如图 11-226 所示。

（7）选取工具箱中的文本工具，移动鼠标指针至页面中，单击鼠标左键确定文字的插入点，在其属性栏中设置字体为"方正综艺简体"、字体大小为 28pt，并在调色板中设置填充颜色为红色。

图 11-223　输入文字（一）　　　　　　　图 11-224　输入文字（二）

图 11-225　再制文字　　　　　　　图 11-226　移动并更改文字属性

（8）移动鼠标至页面中，输入文字"雅志 2007 款"，如图 11-227 所示。

（9）选取工具箱中的文本工具，移动鼠标指针至页面中，单击鼠标左键确定文字的插入点，在其属性栏中设置字体为"方正大黑简体"、字体大小为 28pt，并在调色板中设置填充颜色为黑色。

（10）移动鼠标指针至页面中，在上述所输入的文字右侧输入文字"全新上市"，如图 11-228 所示。

图 11-227　输入文字（三）　　　　　　　图 11-228　输入文字（四）

（11）选取工具箱中的文本工具，在图形对象的下方拖曳鼠标，绘制一个矩形文本框，释放鼠标左键后，在文本框的左上角出现一个闪烁的光标，如图 11-229 所示。

（12）在其属性栏中设置字体为"黑体"、字体大小为 8pt，并在调色板中设置填充颜色为黑色。

（13）在矩形文本框内输入段落文本，如图 11-230 所示。

（14）在段落文本的最后一个文字后按【Enter】键换行，然后输入其他文字，如图 11-231

所示。

（15）确定矩形框内的段落文本为选中状态，单击其属性栏中的"水平对齐"按钮，在弹出的下拉菜单中选择"居中"选项，此时段落文本的对齐效果如图 11-232 所示。

图 11-229　绘制矩形文本框

图 11-230　输入段落文本（一）

图 11-231　输入段落文本（二）

图 11-232　居中对齐段落文本

（16）选取工具箱中的文本工具，移动鼠标指针至页面中，单击鼠标左键确定文字的插入点，在其属性栏中设置字体为"黑体"、字体大小为 14pt，并在调色板中设置填充颜色为黑色。

（17）移动鼠标指针至页面中，在图形对象的左下角输入文字"中国雅志汽车有限公司"，如图 11-233 所示。

（18）采用与上述相同的方法，在其属性栏中设置各文字的字体、字体大小以及颜色，并输入相应的文字，效果如图 11-234 所示。

图 11-233　输入文字（五）

图 11-234　最终效果

11.6　数码摄像机杂志广告设计

案例说明

本案例设计的是一则海星数码摄像机杂志广告，设计中采用了直接的表现手法，将数码摄像

机放置于画面的视觉中心，作为画面的主体，直接表现主题，使人一目了然，同时配以紫红到黑色的渐变背景，色调高雅，扼要地勾勒出产品的精致外观和摄影的专业特性，使整个画面新颖、和谐、饱满，容易被消费者接受。

知识要点

本案例在制作的过程中首先使用矩形工具绘制图形，并对其进行颜色填充，作为杂志广告的背景，然后利用导入的素材图像制作主体效果，最后使用文本工具输入美术字，完成整体效果的制作。

案例效果

本案例效果如图 11-235 所示。

图 11-235　海星数码摄像机杂志广告

11.6.1　制作广告背景

制作杂志广告背景效果的具体操作步骤如下：

（1）单击"文件"|"新建"命令，新建一个空白文档；选取工具箱中的矩形工具，在绘图页面中分别绘制两个矩形，如图 11-236 所示。

（2）选中大矩形，按【F11】键，在弹出的"渐变填充"对话框中选中"自定义"单选按钮，设置 0%位置的颜色为黑色、54%位置的颜色为暗红色（CMYK 值分别为 75、95、79、68）、82%位置的颜色为暗红色（CMYK 值分别为 75、93、65、29）、100%位置的颜色为暗紫红色（CMYK 值分别为 64、89、56、16），并设置其他各项参数，如图 11-237 所示。

（3）单击"确定"按钮填充渐变色，并在其属性栏中设置轮廓宽度为"无"，效果如图11-238 所示。

（4）选中小矩形，按【Shift+F11】组合键，在弹出的"均匀填充"对话框中设置颜色为黑色，单击"确定"按钮填充颜色，并在其属性栏中设置轮廓宽度为"无"，效果如图 11-239所示。

图 11-236　绘制两个不同大小的矩形

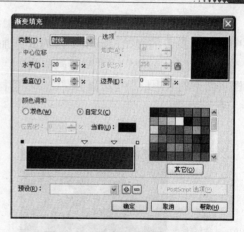

图 11-237　"渐变填充"对话框

图 11-238　填充渐变色并删除轮廓

图 11-239　填充黑色并删除轮廓

11.6.2　制作广告主体效果

制作广告主体效果的具体操作步骤如下：

（1）按【Ctrl＋I】组合键，导入一幅素材图像，并调整其大小及位置，效果如图 11-240 所示。

（2）选取工具箱中的交互式透明工具，在其属性栏中设置"透明度类型"为"射线"、"透明中心点"为 100，编辑透明效果，如图 11-241 所示。

图 11-240　导入素材图像（一）

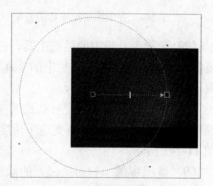

图 11-241　编辑透明效果

（3）移动鼠标指针至调色板中的"80%黑"色块上，按住鼠标左键并拖动鼠标至绘图页面中透明渐变条的起始控制柄上，为其添加透明效果，如图 11-242 所示。

（4）单击"效果"|"图框精确剪裁"|"放置在容器中"命令，当鼠标指针呈➡形状时，在绘图页面中的大矩形上单击鼠标左键，将素材图像放置在大矩形容器中，效果如图 11-243 所示。

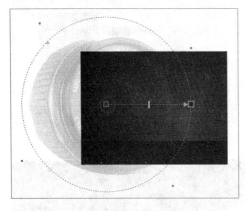 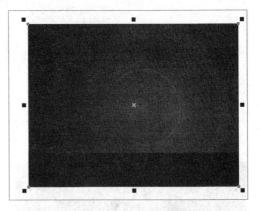

图 11-242　添加透明效果（一）　　　　　　图 11-243　放置在容器中

（5）单击"效果"|"图框精确剪裁"|"编辑内容"命令，进入编辑状态，调整透明矩形的位置；单击"效果"|"图框精确剪裁"|"结束编辑"命令，完成编辑操作，效果如图 11-244 所示。

（6）按【Ctrl＋I】组合键，分别导入两幅素材图像，并分别调整其大小及位置，效果如图 11-245 所示。

图 11-244　完成编辑操作后的效果　　　　　图 11-245　导入素材图像（二）

（7）选取工具箱中的挑选工具，选取偏右下角的数码摄像机图像，按小键盘上的【＋】键复制该图像，单击其属性栏中的"垂直镜像"按钮，垂直镜像图像并将其向下移至合适位置，效果如图 11-246 所示。

（8）选取工具箱中的交互式透明工具，在其属性栏中设置"透明度类型"为"线性"、"透明中心点"为 100、"渐变透明角度和边界"分别为-90.826 和 20，为其添加透明效果，如图 11-247 所示。

（9）参照步骤（4）～（5）的操作方法，将复制的数码摄像机图框精确剪裁至下方的矩形容器中，效果如图 11-248 所示。

（10）选取工具箱中的矩形工具，在绘图页面的左下角绘制一个矩形，并在其属性栏中设置 4 个角的边角圆滑度均为 15，选取工具箱中的均匀填充工具，在弹出的"均匀填充"对话框中设置颜色为深灰色（CMYK 值分别为 75、95、78、66），单击"确定"按钮填充颜色，并在其属性栏中设置轮廓宽度为"无"，效果如 11-249 所示。

图 11-246　复制并垂直镜像图形

图 11-247　添加透明效果（二）

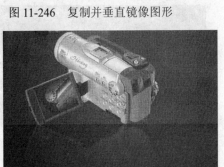

图 11-248　精确剪裁效果

图 11-249　绘制圆角矩形

（11）按【Ctrl＋I】组合键，分别导入 4 幅素材图像和标志图形，并分别调整其大小及位置，效果如图 11-250 所示。

图 11-250　导入素材图像（三）

（12）选取工具箱中的矩形工具，在人物图像上分别绘制 3 个不同大小的矩形，并设置轮廓颜色为红色（CMYK 值分别为 0、100、100、0），效果如图 11-251 所示。

（13）选取工具箱中的钢笔工具，在相应的位置绘制线段，如图 11-252 所示。

图 11-251　绘制矩形

图 11-252　绘制其他线段

（14）按住【Shift】键的同时分别单击刚绘制的线段，选择所有线段，如图 11-253 所示。

（15）移动鼠标指针至调色板中的"红"色块上，单击鼠标右键，设置轮廓颜色为红色，效果如图 11-254 所示。

图 11-253　选择线段

图 11-254　设置轮廓色

11.6.3　制作广告文字效果

制作广告文字效果的具体操作步骤如下：

（1）选取矩形工具，绘制一个 4 个角边角圆滑度均为 15 的圆角矩形，设置其颜色为古铜色（CMYK 值分别为 52、86、88、7），并删除其轮廓，效果如图 11-255 所示。

（2）按小键盘上的【＋】键复制圆角矩形，在状态栏中的"填充"图标上双击鼠标左键，在弹出的"均匀填充"对话框中设置颜色为深褐色（CMYK 值分别为 20、75、75、18），单击"确定"按钮更改填充颜色，并将其调整至合适位置，效果如图 11-256 所示。

图 11-255　绘制圆角矩形

图 11-256　复制圆角矩形并更改颜色

（3）选取工具箱中的文本工具，设置字体为"方正大黑简体"、字号为 20pt、颜色为黑色，在绘图页面中的合适位置单击鼠标左键，输入文本"32 倍"，如图 11-257 所示。

（4）按【F11】键，在弹出的"渐变填充"对话框中设置"类型"为"线性"，选中"自定义"单选按钮，设置 10%位置的颜色为灰色（CMYK 值分别为 0、0、0、80）、32%位置的颜色为灰色（CMYK 值分别为 0、0、0、20）、52%位置的颜色为白色、69%位置的颜色为灰色（CMYK 值分别为 0、0、0、20）、100%位置的颜色为灰色（CMYK 值分别为 0、0、0、80），并设置"角度"为 90，单击"确定"按钮填充渐变颜色，效果如图 11-258 所示。

图 11-257　输入文本（一）

图 11-258　渐变填充文字

（5）选取工具箱中的交互式立体化工具，单击属性栏中的"VP 对象/VP 页面"按钮，并设置"深度"为 1、"灭点坐标"分别为 1147.697mm 和-218.911mm，单击"斜角修饰边"按钮，在弹出的下拉面板中分别选中"使用斜角修饰边"和"只显示斜角修饰边"复选框，并设置其他各项参数，如图 11-259 所示。

（6）设置好参数后，即可为圆角矩形添加交互式立体化效果，如图 11-260 所示。

图 11-259　下拉面板

图 11-260　立体文字效果

（7）选取文本工具，在绘图页面中输入文本"影像文化"，选中该文本，设置其字体为"方正大黑简体"、字号为 18pt、颜色为白色，效果如图 11-261 所示。

（8）选中文本"文化"，在其属性栏中设置其字体为"方正大标宋简体"、字号为 24pt，更改文字属性，效果如图 11-262 所示。

（9）选取工具箱中的挑选工具，移动鼠标指针至输入的文本上，两次单击鼠标左键，当文本四周出现旋转控制柄时，按住鼠标左键向右拖动文本上方中间的倾斜控制柄至合适位置，即可对文本进行倾斜操作，效果如图 11-263 所示。

（10）输入其他文本，设置其字体、字号和颜色并调整至合适位置，至此本实例制作完毕，最终效果如图 11-264 所示。

图 11-261　输入文本（二）

图 11-262　更改文本属性

图 11-263　倾斜文本

图 11-264　文字效果

附录 习题参考答案

第1章

一、填空题

1. 向量图 缩放
2. 【Alt＋F4】

二、思考题

（略）

三、上机操作

（略）

第2章

一、填空题

1. 【Ctrl＋S】
2. 简单线框 增强
3. 【Shift】

二、思考题

（略）

三、上机操作

（略）

第3章

一、填空题

1. 手绘工具 3点曲线
2. 【Ctrl】 【Shift】

二、思考题

（略）

三、上机操作

（略）

第4章

一、填空题

1. 【Alt】
2. 【Ctrl＋C】 【Ctrl＋V】

3. 自由旋转工具 自由扭曲工具

二、思考题

（略）

三、上机操作

（略）

第5章

一、填空题

1. 默认 CMYK 调色板
2. 【Shift】 【Ctrl】
3. 线性渐变 方角渐变
4. 双色图样填充 全色图样填充
位图图样填充

二、思考题

（略）

三、上机操作

（略）

第6章

一、填空题

1. 中心
2. 焊接 相交 简化 移除前面对象
3. 【Ctrl+G】

二、思考题

（略）

三、上机操作

（略）

第7章

一、填空题

1. 横排美术字
2. 美术字

二、思考题

（略）

三、上机操作

（略）

第 8 章

一、填空题

1．黑白模式　　CMYK 模式

2．分辨率　白色

二、思考题

（略）

三、上机操作

（略）

第 9 章

一、填空题

1．直线调和　沿路径调和

2．推拉　　扭曲

3．单弧模式　　非强制模式

二、思考题

（略）

三、上机操作

（略）

第 10 章

一、填空题

1．三维旋转　浮雕

2．透视　　　切变

3．查找边缘

4．雨　　　雾

二、思考题

（略）

三、上机操作

（略）